SPENDOR

为音乐而生 · 唯阁下专属

A-Line
A1 | A2 | A4 | A7

D-Line
D 7.2 | D 9.2

Classic
Classic 200Ti

Classic
Classic 100 | Classic 1/2 | Classic 2/3
Classic 3/1 | Classic 4/5

NEW! 壁挂及中置音箱
AC1 | AC2 | AW1 | DC1 | DS1

* Classic Titanium系列
Classic 经典系列脚架

泽森音响

☎ 电话: 0754-87124153

 Audiolife

 泽森音响

✉ 邮箱: stzsyx@126.com

📍 地址: 广东省汕头市高新区科技中路13号嘉泽中心大厦首层A1商铺

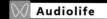

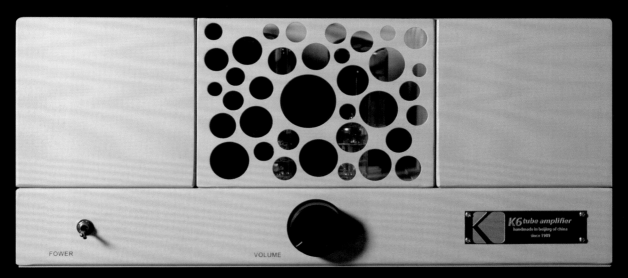

Raphaelite® | 拉菲尔

DP34-LS3/5A

专心 | 用心 | 匠心

搭载自有专利输出变压器，全阻抗等频响

参 数

电子管(Tubes) EL34×4 6H23×1 12AT7×2 GZ34×1

输入灵敏度(Input Sensitivity) 180mV

额定输出功率(Power Output) 2×28W (RMS THD<1% 1kHz 8Ω)

信噪比(S/N Ratio) >80dB

输入阻抗(Input Impedance) 100kΩ

输出阻抗(Output Impedance) 8Ω / 15Ω

输入电压(AC Input) AC 220V / 230V

消耗功率(Power Consumption) 150W

频率响应(Frequency Response) 7Hz~70kHz (−1dB/10W)

尺寸(Dimension) 395mm×305mm×208mm（W-D-H）

净重(Net Weight)：17kg

Raphaelite® | 拉菲尔

地址：天津市滨海新区大港迎新街174号

电话：022-63300011 / 63300055

淘宝店铺： 拉菲尔工厂直销店 搜索

公众号： 拉菲尔HIFI音响 搜索

Falcon Acoustics 隼 UK

Made in Britain

BBC LS3/5A
Gold Badge 金章升级版

Falcon Acoustics创办人
Malcolm Jones - T27/B110之父

2024 LIMITED EDITION 限量版

规格：
设计：两路密闭式声箱
频率响应：70Hz～20kHz ±3dB
输入灵敏度：83dB/2.83V @1m
平均阻抗：15Ω
箱体：特选多层桦木夹板，内里铺设阻尼物料
尺寸(H×W×D)：305mm×190mm×165mm
木饰：
紫檀树根RED AMBOYNA BURR
胡桃树根BURR WALNUT
英国榆树根ENGLISH BURR ELM（2024限量版）

Foundation Designer II BBC LS3/5A专用脚架

中国（含香港及澳门地区）总代理

威达公司 RADAR AUDIO COMPANY

香港葵涌禾塘咀街31-39号香港毛纺工业大厦1104室　电话：(852) 2418 2668　传真：(852) 2418 2211　E-mail: contact@radaraudio.com
陈列室：香港铜锣湾告士打道280号世贸中心35楼3504-5室•2506 3131 / 2506 3132　九龙尖沙咀弥敦道63号iSQUARE国际广场505号铺•2317 7188 / 2327 886

Media
TECHNOLOGY
传媒典藏

高保真音响系列

BBC

监听音箱 完全指南

The Complete Guide to BBC Monitor Loudspeakers

杨立新 著　胡卓勋 审

人民邮电出版社

北　京

图书在版编目（ＣＩＰ）数据

BBC监听音箱完全指南 / 杨立新著. -- 北京 ： 人民
邮电出版社，2024.11
（高保真音响系列）
ISBN 978-7-115-64398-8

Ⅰ. ①B… Ⅱ. ①杨… Ⅲ. ①音箱－指南 Ⅳ.
①TN912.26-62

中国国家版本馆CIP数据核字(2024)第094248号

内 容 提 要

本书是一本深入探讨 BBC 监听音箱的专著。

BBC 在声学领域贡献卓著，其研发的监听音箱具有悠久的历史和广泛的影响力，对当今的声音美学理念和音响产品产生了深远影响。作者杨立新先生凭借多年对 BBC 设计理念的系统性研习、对 BBC 声学文献和监听音箱的深入研究，以及对原始设备的精心修复经验，为读者提供了全面而系统的 BBC 监听音箱知识体系。

本书首先回顾了 BBC 监听音箱发展历史及其在声学领域的贡献，接着从声学缩放和 LS3/5 监听音箱开始，介绍了 BBC 的一系列监听音箱。本书对广受好评的 LS3/5A 进行了全面的介绍，包括发展历程、扬声器单元的问题与 11Ω 版本、二手购买注意事项和价格评估、故障判断与修复、DIY 与改造、主观评价、LS3/5A 适配器材、许可制造商简史、不同品牌 LS3/5A 赏析等。本书还对 LS5/5、LS3/6、LS5/8、LS5/9 等型号的监听音箱进行了介绍，并分享了作者的收藏品。本书提供了实用、易懂的音箱摆位及听音室声学处理建议。

本书不仅适合普通爱好者阅读，也适合专业人士和收藏家阅读，尤其适合音响发烧友和对 BBC 音响的历史感兴趣的读者。通过阅读本书，读者可以获得对 BBC 监听音箱深刻而全面的理解。

◆ 著　　　　杨立新
　责任编辑　黄汉兵
　责任印制　马振武

◆ 人民邮电出版社出版发行　　北京市丰台区成寿寺路 11 号
　邮编　100164　　电子邮件　315@ptpress.com.cn
　网址　https://www.ptpress.com.cn
　北京盛通印刷股份有限公司印刷

◆ 开本：787×1092　1/16
　印张：14.75　　　　　　　　　2024 年 11 月第 1 版
　字数：374 千字　　　　　　　2024 年 11 月北京第 1 次印刷

定价：129.80 元

读者服务热线：(010)53913866　印装质量热线：(010)81055316
反盗版热线：(010)81055315
广告经营许可证：京东市监广登字 20170147 号

作者简介

杨立新，资深 Hi-Fi 音响设计师，通信行业高级工程师。

在小学时期，他深受兄长影响，对无线电产生了浓厚兴趣，并同时展现出了对音乐的热爱，无论是聆听还是演奏都乐此不疲。大学阶段，他曾组建校园乐队并担任吉他手角色。毕业后，高保真音响的研究与收藏成为他几十年来最大的业余爱好，尤其对于 20 世纪 50 年代至 80 年代期间，BBC 在声学领域的重大影响，他表现得尤为痴迷。他始终坚信，由 BBC 设计的系列监听音箱，至今仍具有令人难以抗拒的魅力，如经典的 LS3/5A 监听音箱自推出以来已在全球范围内风靡超过 40 年，被誉为音响界的常青树，是世界音响史上影响力深远的经典铭器之一。

多年以来，他几乎将所有的业余时间悉数投入于对 BBC 声学文献与监听音箱的深度研究之中，除了积累丰富的历史资料，更为关键的是，他对 BBC 设计理念进行了系统性的研习。在这一热情驱策下，他于 2021 年创办了 LISXON 声学工作室，以更多专注力致力于实现自己所追求的"终极声音"理想，并在同年成功研发出一款融入了 BBC 设计理念的监听音箱 LISXON LS3/5，此音箱一经推出便赢得了广大音响爱好者的高度评价和广泛赞誉。

在著写本书的同时，杨立新先生也正在筹划开发完全忠诚于 BBC 最早期产品声音表现的二路小型音箱 LISXON LS3/5A、二路中型监听音箱 LISXON LS5/9 和三路大型监听音箱 LISXON LS5/5，这 3 款产品都会采用严格定制的扬声器单元进行全新开发设计，但最终声音表现将与 BBC 的最早期产品高度一致。3 款产品计划将于 2024 年正式推出，相信这些产品将会让广大音响爱好者真正领略到 BBC 声音的迷人之处。

作者秉持"情感音乐"的信念，在音乐艺术与高保真声音重现技术的交融过程中，矢志不渝地致力于保留音乐作品的精神内核和创作者意图。他强调音响设备应具备为用户带来情感共鸣与纯净天籁体验的功能，并主张在评价音响产品时，对其音乐性表现应当给予与严谨设计及高品质制造同等重要的考量，这一系列观念均与 BBC 的理念深度契合。

作者凭借扎实的技术底蕴与追求卓越的工匠精神，致力于让更多人能够系统地洞悉 BBC 的声音理念与设计手法。为此，他广泛涉猎国内外浩如烟海的文献资料，进行深入细致的翻译考证工作，通过抽丝剥茧的方式逐步梳理出清晰的知识脉络，并对当年亲历这一历程的几位关键人物进行了深度专访，以获取更多详尽的第一手信息。同时，他还运用专业测量方法和实践操作来提供科学依据，最终构建了一部逻辑严密、图文并茂且极具可读性的科普著作。

有理由相信这部著作将会对现代音响理念的探索与设计实践提供极其重要的参考依据及宝贵经验，其影响力不可小觑！

推荐序一

I have corresponded extensively with Alan and finally met Alan and his family here in UK. I have been very impressed by his knowledge and enthusiasm for the history of the BBC Monitors .

This extensive and well produced guide is a major contribution to the BBC designs right through to the LS5/9. It is complimentary to the many engineers and people who have contributed to the success of the BBC Licence Designs.

The LS5/8 were very problematical in having had to have the Polypropylene cone material problems resolved by the late Richard Ross without which a large number of BBC studios could not function.

The revival of the Rogers brand by Andy Whittle in reintroducing a number of the Rogers products, in particular the LS5/9, and particularly putting the LS3/5a back into its iconic position again.

I wish Alan every success with this publication which is a must have for the many enthusiasts worldwide for Rogers and the BBC Design Licences.

It is hoped an English version may be available one day.

My best wishes to Alan and his team.

Michael O' Brien

Chairman and CEO

Rogers (Swisstone Electronics Limited) 1975-1993

我与艾伦进行了持久的电子邮件往来，并最终在英国见到了艾伦和他的家庭成员。他对 BBC 监听音箱历史的认知和热情给我留下了深刻的印象。

这本内容广泛且制作精良的指南是对直到 LS5/9 的 BBC 设计的产品（版权归属于 BBC）的重大贡献。本书赞美了许多为 BBC 授权产品设计的成功做出贡献的众多工程师和人士。

LS5/8 在聚丙烯锥盆材料方面是非常有问题的，已故的 Richard Ross（理查德·罗斯）当时不得不解决这些问题，否则大量的 BBC 录音室就无法正常运作。

Andy Whittle（安迪·伟图）再次复兴了 Rogers 品牌，重新推出了许多 Rogers 产品，特别是 LS5/9，并且特别让 LS3/5A 再次回到了它的标志性地位。

我祝愿艾伦的这本出版物一切顺利，对于全球众多 Rogers 和 BBC 设计许可产品爱好者来说，这是一本必备书籍。

希望有一天能有英文版。

我向艾伦和他的团队致以最美好的祝愿。

迈克尔·奥布莱恩

董事长兼首席执行官

Rogers（瑞士通电子有限公司） 1975—1993

推荐序二

Authored with meticulous detail and passion, I must commend Alan on this remarkable body of work that encapsulates the unparalleled contribution of BBC-licensed monitor loudspeakers to the world of audio excellence, particularly highlighting Rogers' pioneering role in developing and manufacturing this groundbreaking category of professional loudspeakers. Alan has not only captured the technical intricacies with great understanding but also the spirit of innovation that has underscored audio technology for generations.

This book could not have come at a better time as we celebrate the 75th anniversary of Rogers in 2024. Reading these pages had me reliving the extraordinary evolution of audio technology, and I am immensely proud of the indelible mark that the Rogers LS3/5A has left on our history. Truly, we have come so far as an industry borne out of our shared love for sound.

I am moved by the way our legendary BBC LS3/5A loudspeaker continues to enchant audiophiles today with its exceptional High-Fidelity sound reproduction and timeless craftsmanship, along with its growing appeal to a global audience, especially garnering a loyal following in China. As a celebration of the 75th anniversary of both the People's Republic of China and Rogers, we are pleased to unveil a special China Red edition of the iconic LS3/5A loudspeaker and AB3A subwoofer. Encased in a striking piano red hue with a lustrous high-gloss finish, this commemorative set symbolizes a harmonious fusion of cultural pride, technological excellence, and a shared legacy of innovation, resonating with the spirit of progress and unity that embody this momentous occasion.

Overall, "The Complete Guide to BBC Monitor Loudspeakers" stands as a testament to our industry's dedication to sonic purity and craftsmanship, inviting both audiophiles and newcomers to immerse themselves in the rich history of creating unmatched sound experiences with BBC monitor loudspeakers. May this book inspire a new generation of audio enthusiasts to appreciate the artistry and innovation that have defined our legacy.

Andy Whittle
Head of Design
Rogers International Limited

这本书以细致入微的细节和热情撰写而成，我必须赞扬艾伦的杰出作品，它囊括了 BBC 授权监听音箱对音响界无与伦比的贡献，特别突出了 Rogers 在开发和制造这种突破性专业音箱方面发挥的先锋作用。艾伦不仅以深刻的理解捕捉到了技术上的复杂性，而且还抓住了几代人以来一直强调的创新精神。

这本书来得正是时候，因为我们将在 2024 年庆祝 Rogers 成立 75 周年。阅读这些页面让我重温了音频技术的非凡发展，我为 Rogers LS3/5A 在我们的历史上留下的不可磨灭的印记感到无比自豪。确实，我们这个行业已经走了这么远，是因为我们对声音的共同热爱。

我很感动，我们传奇的 BBC LS3/5A 音箱以其卓越的高保真声音再现和永恒的工艺，以及它对全球听众日益增长的吸引力，尤其是在中国赢得了一批忠实的追随者，至今仍继续吸引着发烧友。为了庆祝中华人民共和国和 Rogers 成立 75 周年，我们很高兴推出标志性的 LS3/5A 音箱和 AB3A 低音炮的中国红特别版。这款纪念套装采用醒目的钢琴红色调和光泽的高光饰面，象征着文化自豪感、技术卓越性和共同创新传统的和谐融合，与体现这一重大时刻的进步和团结精神产生共鸣。

总体而言，《BBC 监听音箱完全指南》一书证明了我们行业对声音纯度和工艺的执着，让发烧友和新手都能沉浸在 BBC 监听音箱创造无与伦比的声音体验的丰富历史中。希望这本书能激励新一代音响爱好者欣赏我们传承下来的艺术性和创新性。

安迪·伟图
设计总监
乐爵士国际有限公司

推荐序三

BBC（英国广播公司）是世界上首家由国家设立的广播机构，成立于1922年，并在1936年成为全球首个电视台，继而在1967年率先迈入了彩色电视时代。旗下拥有诸如BBC交响乐团、BBC苏格兰交响乐团以及BBC威尔士国家管弦乐团等编制完善的管弦乐团，同时还管理着多个乐团和合唱团。自1927年起每年定期举办的"逍遥音乐会"活动，均由BBC全程组织策划。作为历史悠久的公共媒体机构，从20世纪50年代开始，BBC决定自主研发监听音箱，得益于其雄厚的财力资源，能够动用当时最尖端的研发设备，并召集了一批顶级科学家和工程师对声音进行科学化的研发工作，从而开启了英国音响史上最为辉煌的一章。

BBC的研发部（Research Department）与设计部（Design Department）自20世纪50年代起，开始自行设计音箱及配套功放，并严格执行制定的标准，随后将这些设计授权给多家音响制造商进行生产，其中包括但不限于KEF、Goodmans、Rogers、Chartwell、Quad、LEAK、H/H及Soundsales等品牌。其中LS3/5A小型监听音箱不仅在历史上拥有最长的销售时间、最大的销售数量，而且是最多厂商共同生产的同一型号音箱，其本身就承载着丰富的传奇故事。世界各地的音响发烧友对这款小型音箱的热爱始终未曾减退，即使在其停产之后，市场上仍不断涌现出各种复刻版本的LS3/5A音箱，这一现象充分证明了LS3/5A持续不衰的受欢迎程度。直至今日，LS3/5A的传奇故事仍在继续……

传说很多，但有系统地考证、研究、收藏并修复BBC音箱设备者，据我所知，北京的杨立新先生可能是第一人。数年前首次得知有如此痴迷于BBC音响的发烧友，我深感惊奇之余也满怀期待，后来有幸结识他，我鼓励他应将长期积累的研究心得公之于众。BBC的相关记载极其详尽，然而一般人却鲜有机会接触这些资料，它们不仅代表着一段在音响发展史上至关重要的时期，更对当今发烧友的声音美学理念构建与音响产品评价标准产生了深远影响。

经过几年的积淀与整理工作，杨立新先生凭借理工男实事求是的精神和严谨态度，对所有涉及BBC的历史文献进行了细致入微的翻译、求证及修订，并针对坊间的一些误解予以澄清与阐释。其中许多不为人知或易被误解的细节，杨立新先生均一一揭示。尤为值得一提的是，在BBC研究部门解散多年后，他亲自前往英国探访那些业界耆宿——他们曾是当年在BBC负责或参与音箱研发的工程师，从而获取了大量珍贵的一手史料。

即使在BBC的发源地英国，也未曾有人系统性地整理归纳过BBC在音响领域所创造的声音神话和技术成就；而数十年前生产的BBC监听音箱存世数量稀少，导致在其他地区鲜有人能全面了解BBC音响的整体风貌。借助这部《BBC监听音箱完全指南》，我们终于有机会从发展历程、技术解析及趣闻轶事等多元视角，首次全景式地领略BBC那段充满传奇色彩的历史篇章。

我们可以大胆地说，《BBC监听音箱完全指南》是史无前例，恐怕也难有来者的BBC资料大全！

《新音响》杂志总编 赖英智

2023年11月8日于广州

在一次音乐音响演示活动上，我曾与发烧友们探讨过一个问题：谁是历史上最杰出的音箱设计师？在我心中，答案指向了英国广播公司（BBC）的音频研发部门。

第二次世界大战结束后，BBC 在英国乃至于全世界，产生了深远的影响。早在二十世纪六七十年代广播电视行业迅猛发展的时期，其音频部门汇聚了一大批技术精英和大师级人才。该团队设计出的多款音箱产品，至今仍被电声学界奉为传奇和经典之作，为后来广为人知的"英国声"风格奠定了坚实的基础。

英国音响产品在本土市场竞争异常激烈，不仅追求音质卓越，而且在价格上也极具亲民性。以我们所熟知的英国 *What Hi-Fi？* 音响杂志推荐的众多器材为例，其售价往往仅几百英镑至一千多英镑，这一特点使得英国音响产品在全球市场上同样展现出强劲的竞争力。

在成本控制严格的前提下，英国音响产品坚守着"得中频者得天下"的理念，并深谙"有所为而有所不为"的原则，在面临美国、日本、德国以及北欧强大工业实力的市场竞争环境下，仍然能够在全球音响市场中占据一席之地，且在广大消费者心中树立了良好且持久的口碑。

在北京的一次音响展览会上，我有幸结识了杨立新先生。近期，我获得机会参观了他所创办的 LISXON 声学工作室，这里汇集了各种版本的 BBC 经典铭器。除了我们耳熟能详的不同品牌和不同版本的 LS 3/5A 及 LS 5/9 等常见型号之外，他还珍藏了一系列早期由 BBC 为广播和录音专业设计的专业监听音箱。其中，诸如 LS3/4、LS 5/5 等型号，在中国乃至全球范围内都堪称孤品，而这些经典音箱背后承载着更为悠久且富含技术和艺术价值的传奇故事。

即便是对 BBC 音箱热衷的发烧友们，大多也仅限于把玩各授权品牌在不同年代推出的、不同型号与版本的常规 BBC 音箱（例如各种品牌的 LS3/5A）。然而，杨立新先生引领我们进入了更广阔的研究领域，并开启了深入了解 BBC 音箱的一扇大门。

那些我们熟悉却又不甚了解的 BBC"发烧级"铭器，原本是专用于录音广播监听的音箱设备，曾是录音师们日常工作的得力工具。历经数十年的时间洗礼，经过无数对比验证后，业界普遍认为：BBC 监听音箱拥有极高的音乐性，其声音素质优越，具有出色的透明度、质感以及密度。许多型号在离轴频率响应、瞬态响应和动态水平等方面的表现显著超越了同时代甚至现代许多 Hi-Fi 厂家的产品。

"不忘初心"——这句话几乎每天都在我们耳边回响，此处所要传达的是：那些为音响爱好者带来温暖、悦耳音乐的器材，其源头往往是用于广播录音的专业设备，而这些设备设计的初心在于追求"真实、准确的声音还原"。

经过多年的专注研究、不懈积累，杨立新先生精心编纂整理了大量关于 BBC 音箱的历史资料，并完成了《BBC 监听音箱完全指南》一书。为了确保内容的权威性和深度，杨立新专程前往英国探访了 BBC 旧址，并拜访了几位已至耄耋之年的原 BBC 声学工程大师，他们曾亲历那个时代的电声技术发展。我也曾有幸与英国著名专业监听音箱设计师 Andy Munro 进行过两次交流，他以和蔼可亲、内敛谦逊的态度展现出典型的英伦绅士风范。这些在二十世纪六七十年代投身电声行业的工程师们，有着深厚学识、高尚品格以及卓越的艺术修养，令我深感敬仰与钦佩。他们秉持的电声学理念及其作品中体现出的艺术表达，如同醍醐灌顶般启示着我们，而他们设计制造的音箱更是为我们提供了丰富的音乐与艺术滋养，值得我们终身珍视和学习。

　　《BBC 监听音箱完全指南》一书无论从历史文献价值、专业技术解析还是情怀方面来看，对音乐音响爱好者而言都具有极高的关注价值和收藏意义。期待这部著作能早日面世，以便我能完整而细致地拜读。

家电论坛主编　吴　彤

2023 年 11 月 7 日于北京

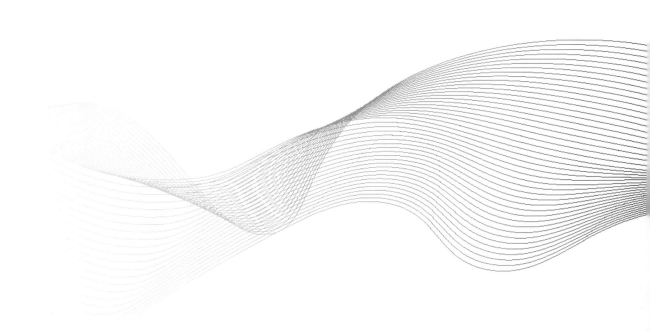

我与杨立新先生的相识，既是偶然，又似冥冥之中的必然，颇有相见恨晚之感。多年前，在互联网上搜寻有关 BBC 音箱的信息时，除了在国外专业网站和论坛中遇到几位参与研发的 BBC 工程师或其家族后裔之外，我发现国内竟然也有一位对 BBC 音箱技术钻研颇深的"力行者"，他对于包括传说中的 LS3/5（即不带 A 的早期 LS3/5A 原型）在内的各种 BBC 音箱型号的历史如数家珍。当我有幸造访他在深圳的工作室时，发现门口赫然挂着"ALAN'S WORKSHOP"的招牌，才知道原来杨立新先生就是 LS3/5A 论坛上颇具影响力的"ALAN YANG"。

步入工作室内部，映入眼帘的是那些"闻所未见"的 BBC 音箱实物，而一旁陈列着拆解进行深入研究的扬声器单元、分频器组件、电感、电容以及一系列精密的声学测量仪器。此外，原版技术文献、说明书和海报等珍贵资料琳琅满目，让人仿佛置身于 BBC 音响的宝库之中，叹为观止。

杨立新先生近年来为国内 BBC 音箱用户鉴定并修复了多台分频器或扬声器单元损坏的音箱，他亲自制作了多对采用原始 KEF T27 和 B110 扬声器单元，并搭配库存的老电容、电阻以及自制电感元件的音箱，以严谨的态度复原了早期的 LS3/5 及各个版本的 LS3/5A，展现出了匠心独运、专注认真的工匠精神与纯正手艺。

更为难得的是，杨立新先生长期保持与仍健在的前 BBC 工程师及其他关键历史人物的紧密联系与互动。他亲自前往英国本土探访 BBC 声学部门的多个旧址，并拜访了前 Swisstone 公司的掌门人 Michael O'Brien，从而获悉 Rogers、Chartwell 公司发展历程的更多细节。杨立新先生收藏了由 Jim Finnie 持有的最早期研发部版本 Kingswood Warren LS3/5（A），以及由 Michael O'Brien 持有的 Rogers 和 Chartwell 早年用于生产 LS3/5A 的标准参考音箱等极其珍贵的藏品。此外，他的收藏还包括其他 BBC 授权品牌不同时期的特殊版本音箱。这些丰富的实物资料为深入研究和理解 LS3/5 和 LS3/5A 提供了强有力的支撑。

如今，杨立新先生的深圳工作室已迁至北京，藏品中除了我们较为熟知的各种珍贵版本 LS3/5A、LS5/8、LS5/9 之外，还有罕见的 LS3/4、LS3/6、LS3/7、LS5/5 等型号，在国内堪称孤品中的极品。

杨立新先生在收藏和深入研究的过程中，撰写了大量包括历史知识、技术资料、论文图库等内容的文案，尤其注重从历史和技术等维度对 BBC 音箱进行深度剖析。他不仅翻译了 BBC 一系列学术论文及报告，还将那些珍贵的关于 BBC 与 KEF、Rogers、Chartwell、Harbeth、Spendor、Falcon、Graham 等品牌合作的历史文献整理成中文版。他还通过全方位的测试，系统地记录了 BBC 音箱箱体结构、扬声器单元以及分频器设计与制作的相关系列文献资料。

杨立新先生将自己多年积累的心得体会整合成书——《BBC 监听音箱完全指南》。这本书对音响界举足轻重的 BBC 学派进行了详尽且全面的展现，既有深度的历史回顾，又有精辟的技术探析，我对此书的正式出版充满期待。

最后，借此机会，衷心感谢杨立新先生对迪士普音响博物馆在鉴别与收藏 BBC 珍贵器材，以及编写《世界音响发展史》BBC 相关内容过程中所给予的专业指导和特别帮助。

广州市迪士普音响博物馆

顾问总监　胡卓勋

2023 年 11 月 11 日于广州

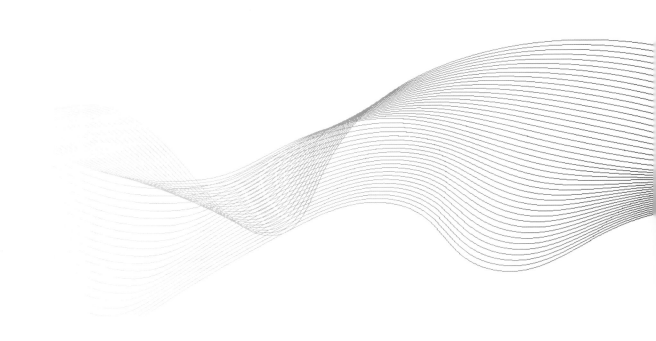

引言

从 20 世纪 40 年代末至 90 年代初的近 50 年时间里，英国广播公司（BBC）研发部门开发出一系列令人称颂的经典监听音箱，其中最为大家所熟知的 LS3/5A 已经树立了经典地位，在过去的 50 年里创造了单一型号销量超过 10 万对的惊人数字，时至今日传奇仍在延续⋯⋯

我相信，许多朋友都有过与我相似的经历。我首次接触的 BBC 音箱正是 LS3/5A，并且是在一个极为偶然的机会下。2001 年的一个夏日，我受邀至一位朋友家中做客，那是我首次聆听"鞋盒"般大小的 LS3/5A 播放 Claude Debussy（克劳德·德彪西）的弦乐四重奏《月光》。我至今仍清晰地记得，当时我惊讶得合不拢嘴，此前我从未见过如此小巧的书架音箱能把音乐作品演绎得像音乐厅现场一样真实。自此以后，我便成为 BBC 监听音箱的忠实拥趸。

在过去的 20 多年里，得益于互联网的便捷，我几乎接触了 BBC 音箱的所有型号。我惊奇地发现，它们都具有某些共同的声音特质，确切地说是它们对音乐的艺术性表达和中频区域略带温暖的迷人音色，极具感染力。那么，这一切的本质是什么呢？我性格中的"缺陷"之一便是热衷于剖析事物的底层逻辑，这常常使我投入大量时间进行深度思考和挖掘。我始终渴望找到终极答案，这驱使我不断探索，最初是从每个型号的扬声器单元特性、分频器电气拓扑开始，逐渐深入 BBC 系列音箱的历史背景和艺术属性的挖掘。当然，有时候某些性格上的"缺陷"也可能成为优点，比如，正是这种"缺陷"使得这本书得以问世。

作为一个公共服务机构，BBC 为何要如此深入地参与扬声器甚至话筒的设计开发呢？对于 BBC 而言，每个广播演播室至少需要配备一只音箱，其技术性能至少应该与最好的家用设备一样好。BBC 在英国全境演播室的快速扩张导致了对数百只演播室监听音箱的需求，这些音箱必须满足相同的技术标准，并在听感上保持一致。这是所有演播室对一致性监听质量控制的基本要求。

然而，对于当时的家用无线电接收器制造商而言，设计和制造上的一致性并非最重要。这些接收器中的扬声器单元往往在具有个人偏好的业余爱好者家中，在使用有限的技术设备，甚至是几乎没有技术设备的情况下手工制作而成。扬声器单元的调整完全依赖听觉，并通过夸大其词的广告宣传进行销售。在这种情况下，扬声器单元的一致性根本无法保证。

早期的 BBC 通过大量调查意识到，商业产品并不具备公司所要求的质量，尤其是一致性。随着 LP 唱片和 FM 广播的引入，音频质量急需提升。BBC 别无选择，只能从最基础的工作开始。值得注意的是，BBC 的技术团队并非学者、公务员或政治家，而是硬件工程师。他们从无到有地创建了覆盖英国各地的演播室和发射机网络，对音频链两端的无线电传输和接收技术了如指掌。他们是音频领域的先驱，正确地制定了世界广播技术标准。又有谁能比 BBC 的技术团队更适合进行这些基础研究呢？

BBC 研发部门的一批杰出工程师构思并实施了世界上最全面、最持久的扬声器调查项目。其中，D.E.L. Shorter 和 H.D. Harwood 无疑做出了最为突出的贡献。当然，Kirke 值得我们特别尊敬，如果没有他在 20 世纪 20 年代的开创性工作，这一切都不会发生。他们对提高监听音箱标准的贡献，无论在过去还是现在，都是巨大的。与所有伟大的工程成就一样，这背后隐藏着严谨与勤勉的敬业精神。尤为可贵的是，"蓝天计划"中的一批年轻人展现出了天才般的创新能力，希望各位读者能在本书中捕捉到这一点。

本书作者杨立新先生开发的作品：LISXON LS3/5A 麻布大金版，2024

CONTENTS 目录

第 11 章　不同品牌 LS3/5A 赏析　166

第 12 章　LS3/5A 的近亲　193

第 1 章
BBC 监听音箱发展简史

1.1 基础时期——1960 年及以前

最初的英国广播有限公司（British Broadcasting Company Ltd.）成立于 1922 年，是由超过 300 家制造商和股东共同组建的私营企业实体。在其初创阶段，P.P. Eckersley（珀西·P.埃克斯利，全名 Percy Pilcher Eckersley）担任总工程师职务。至 1924 年 2 月，H.L. Kirke（哈罗德·李斯特·柯克，全名 Harold Lister Kirke，在本书中简称 Kirke）被任命为高级开发工程师。

广播对英国社会产生了深远的影响。至 1927 年，英国政府采取行动，解散了原有的私营性质的英国广播有限公司，并将其重组为新的公共机构——英国广播公司（British Broadcasting Corporation，简称 BBC）。在此过程中，原公司的全体员工均被整合到新成立的 BBC 中。此后，英国政府通过征收广播许可费以及其他税收等途径，为 BBC 提供了充足的资金。

BBC 成立后，其开发科更名为研发部，而 Kirke 则被任命为高级研究工程师，并自 1930 年起担任该研发部的负责人，这一重要且具影响力的职位他连续坚守了 20 年之久。对于公共广播工作室而言，所使用的音箱都应严格遵循相同的技术标准，并确保一致性及高质量声音再现能力。经过长期观察和评估，Kirke 发现当时市场上的音箱产品普遍缺乏强有力的理论指导，产品质量和一致性难以得到保障。因此，Kirke 敏锐地指出："在声学领域中，BBC 应当自行投入资源进行研究与开发工作，不应也不能依赖于外部尚未形成统一标准的知识体系。"

Kirke 是 BBC 音箱研究领域的先驱领导者，他成功说服理事会将公共资金投入到了这一昂贵、颇具胆识且带有一定政治风险的音箱研发领域。自此直至 20 世纪 80 年代末期，音箱技术的研发始终是 BBC 研发部的核心工作之一。可以想象，Kirke 在引领 BBC 音箱发展过程中承受了最直接的压力，但他选择坚定地信任自己的团队，并不断向当时尚处于新兴阶段的音箱行业发起挑战。这种坚持与创新使得 BBC 在音箱研究上取得了一系列令人瞩目的成就。

BBC 研发部于 1948 年 12 月从牛津附近的 Bagley Croft（巴格利·克罗夫特）搬迁至 Kingswood Warren（金斯伍德·沃伦），如图 1.1 所示。该漫画由女性漫画家 Margaret Gallant（玛格丽特·加伦特）创作，其中包括了 BBC 研发部的先后两任主管 Kirke 和 W. Proctor Wilson（W. 普罗克特·威尔逊）。

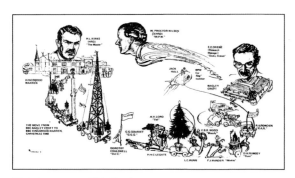

图 1.1　BBC 研发部搬到 Kingswood Warren

1948~2010 年，前 BBC 研发部（Research Department，简称 RD）的所在地是位于伦敦南郊 Surrey（萨里郡）的 Kingswood Warren，如图 1.2 所示。在 1993 年，该研发部与设计小组（其前身是设计部）合并，成立了 BBC 研究与开发部（Research & Development，简称 RD/R&D）。2010 年初，研发部进行了拆分，该部门的大部分员工迁至伦敦白城的中央大楼，而相当一部分员工则迁至英格兰西北部 Salford（索尔福德）英国媒体城的新北实验室。此后，原址（Kingswood Warren）被 BBC 出售。

1953~1987 年，前 BBC 设计部（Design Department，简称 DD）设在 Western House，如图 1.3 和图 1.4 所示，该建筑紧邻 BBC 总部大楼 Broadcasting House。2016 年 11 月 16 日，

图 1.2　位于英国 Surrey（萨里郡）的 Kingswood Warren，1948~2010 年前 BBC 研发部所在地

图 1.3　Western House，1953~1987 年前 BBC 设计部所在地

图 1.4 前 BBC 设计部 Western House 正门，已改名为 Wogan House

Western House 更 名 为 Wogan House，现 在 是 BBC Radio 2 的所在地；2022 年 11 月 2 日，BBC 宣布将在 2024 年前搬离这座大楼。

BBC 设计部自 1947 年成立以来，在 1987 年后经历了规模调整，转变为设计小组并与工程部合并，从而组建了设计与工程部（简称 D&ED），办公地址随之迁移到原工程部所在的 Chiswick（奇西克）地区。随后在 1993 年，设计与工程部被关闭，而设计小组则与位于 Kingswood Warren 的研发部合并，成立了 BBC 研究与开发部。

1958~1993 年，前 BBC 工程部（Engineering Division，简称 ED）的办公地点如图 1.5 所示，位于伦敦西郊 Chiswick Power Road（奇西克电力路）上的 Avenue House（大道大楼）。BBC 工程部始建于 1924 年，逐渐发展成为一个负责制造和测试 BBC 所需设备的重要部门。自 1947 年后，该部门生产的许多设备由设计部进行设计。从 1929 年开始，工程部总部设在英国伦敦西南部 Clapham（克拉彭）

的 Avenue House，并于 1958 年迁移至 Chiswick 的 Avenue House。

从 BBC 创立至 1947 年，LSU/7 监听音箱（如图 1.6 所示）一直是 BBC 的标准监听音箱。该音箱搭载了美国设计的 Rice-Kellogg（ISRK）驱动单元，安装在大型落地式无后背板箱体中，在 20 世纪 20 至 30 年代间，LSU/7 音箱的监听性能显著超越同期其他同类产品。随着技术的不断演进和人们对于音质认知的深化，业界开始认识到通过改进整个音频系统可以实现高频响应的进一步拓展，因此对具有更宽频响范围的录音室监听音箱的需求逐渐显现出来。

1947 年，Hugh Dudley Harwood（休·达德利·哈伍德，本书中简称 Harwood）加入 BBC 研发部。在此之前，Harwood 在英国国家物理实验室从事助听器设计和扬声器校准工作。同年，在 Kirke 的授意下，Donovan Ernest Lea Shorter（多诺万·欧内斯特·李·肖特，本书中简称 D.E.L. Shorter）与

图 1.5　Avenue House，1958~1993 年前 BBC 工程部（以及后来的 D&ED）所在地

图 1.6　BBC C 型移动唱片录音机、BBC LSU/7 监听音箱和 BBC-Marconi AXBT 话筒

Harwood 共同开展了一项关于音箱新技术的研究项目，其重点是研究如何将中低音单元与高音单元整合于一个二分频音箱系统之中（当时 Kirke 深知市场上没有可靠的商用宽频单元可用）。如今我们对此习以为常，但在当时，这是一项全新的技术探索领域。

LSU/10

1948 年，由于业务发展及技术更新，BBC 研发部决定尽快替换已经服役近 20 年的 LSU/7 监听音箱。因此，他们暂时搁置了对二分频音箱的研究工作，转而集中精力寻找和选用商业市场上的现成产品。最终，研发部选择了 Parmeko 公司生产的 15 英寸同轴单元（该设计采用美国 Altec Lancing 公司的技术），并基于此开发出了 LSU/10 监听音箱。

LSU/10 音箱采用了巨大的 280L 容积的厚壁箱体结构，其工作频率范围覆盖 40 Hz 至 6 kHz。在调幅（AM）广播时代，6 kHz 的频率上限足以满足对虫胶唱片（每分钟 78 转）中的音乐内容进行监听的需求，这些唱片本身具有自身的频率响应上限。

然而，实践证明 LSU/10 音箱仅是权宜之计。D.E.L. Shorter 和 Harwood 共同考察发现，Parmeko 的扬声器一致性极差，超过 90% 的样品存在明显缺陷，因而被研发部拒绝，也很难将 LSU/10 高音号角的频率响应高频部分控制到优于 ±3dB。

BBC LSU/10 录音室监听音箱的实物如图 1.7 和图 1.8 所示。最初，LSU/10 音箱配备了 Parmeko LS 球顶高音单元，但为了提升高频响应表现，后来被 Lorenz LPH65 高音单元所替代。该音箱还内置了由 Leak（力克）公司或 Sound Sales（声音销售）公司生产的 BBC LSM/8 电子管放大器。箱体由位于英国伦敦西北部小镇 Harrow（哈罗）的 Lockwood（洛克伍德，一家棺材制造商）公司按照 BBC 规格制造。

在 20 世 纪 40 至 50 年 代 间，以 D.E.L. Shorter 和 Harwood 为代表的声学工程师们所进行的卓越理论研究工作为后来的发展奠定了坚实基础。得益于此，几乎大部分现今备受推崇的 BBC 经典音箱型号均在随后的 60 至 70 年代被成功研发出来，

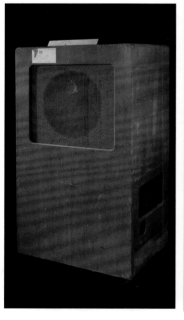

图 1.7　BBC LSU/10 录音室监听音箱，1948~1955 年　图 1.8　录音室中的 BBC LSU/10 录音室监听音箱

以满足越来越多的应用场景和对更宽频率响应范围的迫切要求。D.E.L. Shorter 的肖像照片如图 1.9 所示。

图 1.9　D.E.L. Shorter 肖像，拍摄于 20 世纪 80 年代

LS3/1

LS3/1 大约于 1957 年面世，标志着 BBC 首次尝试设计一款真正的宽频监听音箱。这款 LS3/1 音箱被设计用于户外转播车，在 20 世纪 60 年代初至 80 年代间得到了广泛应用。相比通用型的音箱（例如 LS1/1），LS3/1 具有更高的声压级和更好的声音品质，同时相较于当时录音室中所使用的高质量音箱（如 LSU/10），其在运输方面更为便捷。

LS3/1 音箱构造包括一个薄壁箱体、一只由 Plessey（普莱西）公司制造的 15 英寸纸盆低音单元、两只 GEC（General Electric Company，通用电气公司）生产的高音单元（Celestion HF1300 的早期版本），以及大型无源分频器。直至今日，仍有许多 LS3/1 音箱保持着良好的工作状态，其音质表现依旧出色。高音单元安装在 15 英寸低音单元前方的面板上，形成了一种类似于同轴的效果。

BBC LS3/1 户外转播车监听音箱如图 1.10 所示，带有匹配的 CT2/10 底座，使用 Plessey 和

GEC 的驱动单元，底座内配备 AM8/1 或 AM8/4 放大器，音箱可以与底座分开。

图 1.10　BBC LS3/1 户外转播车监听音箱

LS5/1

紧随 LS3/1 之后，大约在 1959 年，BBC 开发了 LS5/1 监听音箱，旨在替代录音室内使用的 LSU/10 音箱。LS5/1 采用了与 LS3/1 相同类型的扬声器单元，但在设计上进行了多处改进。由于 LS3/1 需要便于运输并在有限空间内使用，因此其箱体尺寸、重量和规格受到了一定的限制；而 LS5/1 则不受这些条件约束，故能够采用声学性能更为优越的箱体结构。LS5/1 将高音单元布置于低音单元上部，而非前方，并且在音箱底座内集成了功率放大器。

LS5/1 音箱的低频响应与 LSU/10 几乎相同，但高频频率响应提升至 13 kHz，且其频率响应随方向的变化较小，明显优于 LSU/10。到了大约 1963 年，BBC 推出了 LS5/1A 版本，将低音单元换成了

Goodmans C129B/15PR 型号，这款低音单元特性与 Plessey 低音单元略有不同。为了保持整体性能的一致性，原 FL6/2 分频器被替换为 FL6/4 分频器。

尽管到 20 世纪 60 年代中期，BBC 已经大约制造了 250 只 LS5/1A 音箱，但 BBC 在确保能够持续供应满足严格公差要求的低音单元方面遇到了相当大的挑战。不仅如此，更令人担忧的是有评论指出，即使是在符合这些严苛公差标准的不同音箱样本之间，其音质表现也存在差异。虽然 LS5/1A 被公认优于市面上任何商业可用的音箱产品，但其一致性的问题也受到了一定的批评。

由于 BBC 将这类音箱主要应用于录音室监听工作，音箱声音的一致性至关重要。设想一下，在一个控制室中混音听起来效果出色，而在另一个使用同款音箱的控制室中却呈现出糟糕的混音质量，这种情况是完全无法接受的。

LS5/1 音箱设计的目的是取代原有的 LSU/10，是 LS3/1 的录音室版本，其箱体容积比 LS3/1 更大，且将两个高音单元安装于低音单元上方。

内置 AM8/1 放大器的 BBC LS5/1 录音室监听音箱实物如图 1.11 所示。

图 1.11 内置 AM8/1 放大器的 BBC LS5/1 录音室监听音箱

1.2 辉煌时期——1960~1975 年

一直以来，BBC 所采用的驱动单元均来自商业生产，其振膜多为纸浆制造而成。尽管纸质振膜在强度、轻盈、刚度、阻尼及音质表现上综合性能优秀，但当其受潮时，强度会有所下降，并且纸质振膜的特性易因湿度变化、压力作用以及可能发生的刺破或撕裂而发生显著变化。

同时，BBC 逐渐认识到，制作纸质振膜的生产工艺是导致不同样品间一致性不足的重要原因之一，尤其是材料的阻尼系数，在大规模生产中难以确保每一片振膜都能精确再现相同的数值，振膜在谐振区域的频率响应具有一定的可变性。

由于纸质振膜在大规模生产中难以保证一致性以及模具成本高昂等问题，BBC 研发部门开始探索采用热塑性材料制造锥盆的可能性。他们启动了世界上首个关于塑料锥盆扬声器振膜的前瞻性研究项目——"蓝天计划"，标志着 BBC 迈入自行研发扬声器单元的新纪元。此次行动由 BBC 研发部的 D.E.L. Shorter 先生领导，Harwood 先生为副指挥。随着研究的推进，使用 Bextrene（一种橡胶聚苯乙烯复合材料）制作的振膜即将开启一个新的时代。

LS5/5

首个研究成果是一款 12 英寸（约 305mm）的 Bextrene 材质振膜低音单元 LS2/1，其在听音测试中获得了极高的评价。因此，于 1965 年 11 月决定将此单元应用于最新研发的 LS5/5 音箱之中。同时，在 LS5/5 音箱上还配备了 8 英寸（约 200mm）的 Bextrene 材质振膜中音单元 LS2/2。

LS5/5 音箱旨在取代一致性欠佳的 LS5/1，服务于录音室和户外转播车场景。作为世界上首款真正意义上采用非纸质振膜，而使用 BBC 自主研发的 Bextrene 振膜的高质量监听音箱，它在音响史上具有划时代的里程碑意义。这款音箱由 Harwood 先生与 Spencer Hughes（斯宾塞·休斯，本书简

称 Spencer）共同研发完成，是一款大型三分频
监听音箱，内部搭载了 12 英寸 Bextrene 低音单
元 LS2/1、8 英寸 Bextrene 中音单元 LS2/2 以及
Celestion HF1400 高音单元。

经过听音测试，LS5/5 在人声和乐器还原方面
几乎做到了完美再现，其表现远超当时的 LS5/1A
和 R.M.L. 音箱。时至今日，仍有一部分前 BBC 员
工坚持认为 LS5/5 是 BBC 乃至全球范围内最优秀的
音箱。

早期的 BBC LS5/5 录音室监听音箱由英国音
响制造商 KEF（Kent Engineering & Foundry）负
责生产制造，实物如图 1.12 所示。后续的发展中，
似乎 Spendor 公司也参与了 LS5/5 系列音箱的制
作，其中包括了 LS5/5A 和 LS5/5B 型号（如图 1.13
所示）。

图 1.12　BBC LS5/5 录音室监听音箱，由 KEF 代工生产

LS3/4

1967 年，Harwood 与 Spencer 合作完成了
LS3/4 音箱的设计研发。这款 LS3/4 音箱是专门为
移动控制室（MCR）设计的二分频音箱，其特点是
采用三角形箱体结构，适用于安装在天花板与墙面
结合处。LS3/4 被认为是第二款采用 Bextrene 材
质振膜驱动单元的 BBC 音箱。

低音单元采用了 8 英寸 Bextrene 材质振膜
的 LS2/4A 单元，高音单元配备的则是 Celestion
HF1300。LS3/4 历经至少两次改型升级，分别是
LS3/4B 和 LS3/4C 两个版本。LS3/4C 音箱如图 1.14
所示。由于其特殊应用场景，在二手市场中，LS3/4
系列音箱极为罕见。

图 1.13　BBC LS5/5B 录音室监听音箱，可能是由
Spendor 代工生产

声学缩放项目

按照 BBC 的规划，从 20 世纪 60 年代中期
至未来十年间，计划建造多个新的音乐录音室。这
一过程通常采用新建建筑或对现有音乐录音室进行
大规模改造升级，而这必然涉及大量复杂的声学设
计工作。由于建筑师在选择不同的建筑材料和施工
方法时会显著影响录音室的声学特性，因此对于声

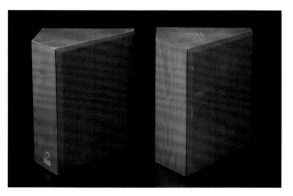

图 1.14　LS3/4C 监听音箱，三角形箱体

学工程师而言，每一个新项目的实施都意味着新的挑战，他们必须竭力在有限的预算内实现最佳声学效果。

建筑物对声学环境的影响一旦施工开始后往往难以修正。即使有办法进行后期调整，也可能带来高昂的成本代价。声学处理中的失误虽然有时可以通过名义补偿措施予以纠正，但此类纠正同样会涉及相当大的费用支出。因此，在设计和施工过程中采取一切必要措施以预防这类错误的发生至关重要。

1968 年，基于 Jordan 和 Spandock 的研究成果 *，BBC 决定继续其研究工作。由 Harwood 主导的长达 15 年的一系列声学缩放研究工作正式拉开序幕，其重要意义在于：通过模型建筑，只需更短的时间和更低的成本（仅为全尺寸空间的千分之一），便可准确预测即将建设的全尺寸声学空间的声学特性，并正确给出声学材料的设计与使用方案。此外，这项研究直接促成了 LS3/5 监听音箱的问世，这是声学缩放项目中的一个意外收获。

* 在礼堂建造前，声学建模技术可用于对礼堂的声学质量进行客观和主观评价。1926 年，纹影火花方法和波纹罐方法被应用于国家物理实验室（N.P.L.）。随着高频传感器的推出，1934 年，Spandock 在慕尼黑技术大学确立了声学建模和客观测量技术（包括反射、混响时间、扩散等）的基础物理原理。到了 1960 年左右，基于 Jordan 和 Spandock 的工作，声学建模技术得到了进一步的提升，通过使用性能优良的传感器进行立体声录音，从而能够对声学质量作出有意义的主观判断。

LS3/5——声学缩放研究的意外收获

在进行声学缩放研究的同时，BBC 需要一款能够在狭窄的转播车和控制室中对节目质量进行严格评估的小型监听音箱，但市场上缺乏合适的商业产品。因此，BBC 研发部奉命在其位于 Kingswood Warren 的总部设计一款新的监听音箱。仅用不到一周时间，样品音箱便诞生了，随即用于实地测试和

评估。这款新音箱之所以能如此迅速完成，是因为它基于声学缩放研究项目中使用的音箱模型进一步开发而来。尽管声学缩放使用的音箱模型存在音质和最大功率的缺陷，但其品质足以满足狭窄空间广播监听的需求，因此研发部通过重新组合部件，推出了 LS3/5。

最初的 LS3/5（如图 1.15 所示）大约在 1969 年诞生，采用了经过严格挑选的 KEF T27（A6340）高音单元和 KEF B110（A6362）低音单元，搭配 FL6/16 分频器。使用者发现这款小型音箱具有足够高的品质，能够满足诸如户外转播车等极其紧凑空间中的监听需求。BBC 内部制造了大约 20 只用于电视移动控制室的现场试验，提供了令人满意的服务。然而，当 BBC 计划制造更多 LS3/5 时，KEF 的 T27（A6340）和 B110（A6362）已经改款，BBC 不得不重新修改设计，从而演变成至今仍享有盛誉的 LS3/5A。

图 1.15　BBC LS3/5 监听音箱，在当时是世界上最小型的监听音箱

LS3/6

LS3/6 音箱在 1969 年稍晚于 LS3/5 被开发出来，初版 LS3/6 配备了两个驱动单元。除了外观设计外，其配置与 LS3/4 几乎完全相同，旨在满足不需特别高声压级的高质量监听的场合。LS3/6 的开发是在 Spencer 完成 Spendor BC1 后，应 BBC 的特别要求而进行的。图 1.16 是由 Rogers Developments 公司生产的 LS3/6 监听音箱。

图 1.16　LS3/6 监听音箱，由 Rogers Developments 公司生产

LS3/5A

在 1972 年的后期，当 BBC 计划再生产一批 LS3/5 时，发现 KEF 已更改了 B110 和 T27 单元

的设计。因此，从 1973 年初开始，BBC 的研发部门根据新单元的特性对 LS3/5 进行了调整，并将其与 LS5/5 监听音箱以及包括管弦乐队在内的现场音源进行了比较和微调，最终取得了相当满意的效果。随后，开发任务交由 BBC 的设计部，进行进一步的改进以适应批量生产的需求，经过改进的音箱被正式命名为 LS3/5A，如图 1.17 所示，这是 BBC 内部生产的最终定型的 LS3/5A 监听音箱。需要注意的是，音箱顶部的金属板并非设计的一部分，而是在使用过程中为了便于固定而附加的。

LS3/5A 是 BBC 设计的商业上最成功的音箱，其设计理念在当时至少领先行业 10 年。它准确的中频和感染力至今仍然很少有音箱能够与之相比，其知名度已经享誉全球。包括我在内的许多人是通过 LS3/5A 这款音箱开始了解到 BBC 音箱的。50 多年来，LS3/5A 的总销量已超过 10 万对，商业上获得了巨大成功。目前，英国本土仍有多家公司在 BBC 的授权许可下生产 LS3/5A，且销量良好，可见其受欢迎的程度。

图 1.17　BBC LS3/5A 监听音箱，由 BBC 工程部生产，1974 年

11

LS3/7

1973 年，BBC 开发并自行建造了 LS3/7 监听音箱（如图 1.18 所示），用以取代早期的 LS3/1，服务于户外转播车。这款音箱标志着 BBC 在音箱设计领域的一个新起点，因为它是 BBC 的第一个电子分频设计。基于改进的 Quad 303（AM8/15）的主动式设计，LS3/7 由一只 12 英寸 Bextrene 振膜低音单元和一只装在低音单元前面穿孔挡板上的软球顶 1 英寸高音单元组成。这种设计代表了一种无需中音单元的二分频音箱设计理念，这一创新完全得益于高音单元技术的进步。

图 1.18 BBC LS3/7 户外转播车监听音箱，1973 年

1.3 提高响度——1976~1983 年

新的振膜材料

随着业务的发展，BBC 提出了对高声压级和低音染的更高要求，因此，目标转向了更高的灵敏度、更低的音染以及更大的功率承受能力。尽管 Bextrene 材料的性能优秀，但其在最大声压级方面的表现未能满足新的要求。因此，1976 年 3

月 19 日，Harwood 提交了一项专利申请（专利号 1563511），在该申请中，他声称聚丙烯可以作为扬声器振膜材料使用。这种聚丙烯振膜材料，现在已在全球音频行业得到了广泛应用。

LS5/8

与此同时，BBC 需要一款能够监听高音量音乐的新型音箱。20 世纪 70 年代，音量不断增大成为一种趋势，而 BBC 当时的大型音箱设计（如 LS5/5）无法满足所需的播放响度。新的监听音箱，即 LS5/8，是由 Harwood 先生在 1976 年设计的，它适时地采用了最新研发的 12 英寸（约 305 mm）聚丙烯振膜低音单元（由 Chartwell 公司提供），以实现更高的声压级和更低的音染。1977 年，Harwood 从 BBC 退休后不久，成立了 Harbeth 公司，有理由相信 Harwood 希望效仿 Spencer 的做法，将他的发明商业化，并将专利及产品卖回给 BBC。

LS5/8 标志着 BBC 在音箱设计上的又一次跨越，引入了多项创新特性，尤其在锥盆材料的选择上，采用聚丙烯代替了传统的 Bextrene。这种新材料不仅重量轻，而且在机械性能上相比 Bextrene 具有更高的损耗，这意味着不需要额外的阻尼材料，从而显著降低了移动质量。因此，与使用 Bextrene 材料的单元（如 LS2/1）相比，LS5/8 的灵敏度提高了大约 4 dB。

LS5/8 仅使用两个扬声器单元，实现了 40 Hz~15 kHz 的宽频响范围，这大大简化了设计的复杂度，降低了开发成本。借鉴 LS3/7 的设计经验，LS5/8 也采用了电子分频方案，基于改进的 Quad405（AM8/16）的主动式设计，如图 1.19 所示。这种设计不仅提升了音箱性能，也体现了 BBC 在音频技术领域的持续创新和领导地位。

LS5/9

由于 LS5/8 的体积较大，它并不适用于那些不需要高声压级的小空间场合。在小型控制室、户外转播车以及需要携带音箱的户外转播场合，通常会使用

图 1.19　LS5/8 监听音箱和改进的 Quad405（AM8/16）放大器

体积更小的音箱，以往这些场合常用的是 LS3/6 和 LS3/5A。面对新的设计需求，BBC 希望能够获得比 LS3/6 和 LS3/5A 更优秀的音质和更高的声功率。

为了满足这些要求，1981 年 BBC 研发部设计了新型音箱，命名为 LS5/9，如图 1.20 所示。这款新音箱旨在提供卓越的音质表现和更高的声功率，同时保持较为紧凑的体积，以适应各种不同的使用场景。

图 1.20　LS5/9 监听音箱，1983 年

1.4　研究尾声——1984 年及以后

在第二次世界大战后，英国的经济发展缓慢，其国力及国际地位逐步下滑。进入 20 世纪 70 年代后，形势变得更加严峻：国有企业普遍效率低下且出现大面积亏损，工会势力强大到足以扭曲市场机制，社会福利支出庞大，公共债务持续攀升，且国际收支出现大幅逆差。英国陷入了长达 10 年的滞胀期。

在 20 世纪 70 年代，政府坚持了凯恩斯主义的政策，通过实施宽松的财政和货币政策来刺激需求。在这些刺激政策的影响下，通胀率高企，经济陷入滞胀，失业率上升。金融市场经历了股债双杀，股市在 1972~1974 年大跌 65%，而在整个 20 世纪 70 年代，股市几乎没有任何涨幅，10 年期国债的收益率从 7.0% 升至 16.3%。

1979 年，撒切尔夫人领导的保守党击败工党，成功上台，随后将英国的经济政策从侧重于需求刺激转向以供给侧改革为主。这些改革措施包括削减福利支出和扩大公共产品的市场化。这些政策的实施对包括 BBC 在内的许多由政府资助的机构产生了深远的影响。特别是 BBC 的研发部门，受到资金削减的影响，逐步停止了内部的研发工作，声学部门也未能幸免。自 LS5/9 之后，BBC 不再自行开发新的扬声器和音箱，而是转而将这些需求外包给外部的制造商。这一变化标志着 BBC 在音频设备开发上一个重要的转折。

LS5/12

LS5/12 是遵循 BBC 命名规则的最后一款音箱，设计者为工程部的 Graham Whitehead（格雷厄姆·怀特黑德），并非出自 BBC 研发部之手。它采用了 Dynaudio（丹拿声学）的驱动单元，尺寸与 LS3/5A 接近但略深，后面板设计有导向孔。图 1.21

展示了一对 LS5/12 监听音箱，此设计未曾商业化生产。取而代之，推出了修改版本的 LS5/12A，涉及的制造商包括 Harbeth、Dynaudio 和 Chord，但总体来看，这并不是一个非常成功的设计。

1.5 结语

最初，BBC 采用了商业生产的扬声器单元，在这一时期，最具代表性的研究成果是 1948 年问世的 LSU/10。然而，当他们认识到制造纸质振膜的工艺是导致不同样品间一致性欠佳的主要原因时，BBC 启动了一项旨在研究低音 / 中音单元的替代振膜材料的"蓝天计划"。这项计划首先带来了 Bextrene 材料的问世，随后又推出了聚丙烯材料。这些发明不仅对 BBC 自身的研发工作有着重大意义，也对整个扬声器行业产生了深远影响。Bextrene 材料曾被多家制造商广泛采用，聚丙烯材料的应用也同样广泛。

图 1.21 由 Graham Whitehead 设计的 LS5/12 监听音箱

BBC 在自行设计供内部使用的监听音箱方面的努力，持续了 40 多年之久，在这个过程中，BBC 在一个几乎没有行业标准的领域里，从理论到实践取得了显著的成就。其数以千计的研究报告不仅展示了其工作的连续性和在行业内的共识，而且，得益于 BBC 的慷慨，这些报告现在可以从 BBC 官方网站轻松获取。这为我们提供了了解 BBC 声学研究整个发展进程的宝贵资源，同时也让我们精准了解 BBC 内部设计和评估的方法，以及参数计算和客观测量如何辅以经验和主观判断，最终实现监听音箱的最佳品质。BBC 的工作不仅限于理论研究，他们还研发并制作了包括扬声器、薄壁箱体、抽头电感器等在内的每个组件，成功解决了一致性和可靠性的问题。时至今日，BBC 的这些研究报告和产品仍对音频和声学领域有广泛的影响。

图 1.22 所示的是我绘制的 BBC 监听音箱发展路线图，更容易帮助大家理清脉络！图中年份是原型产品首次出现的年份。

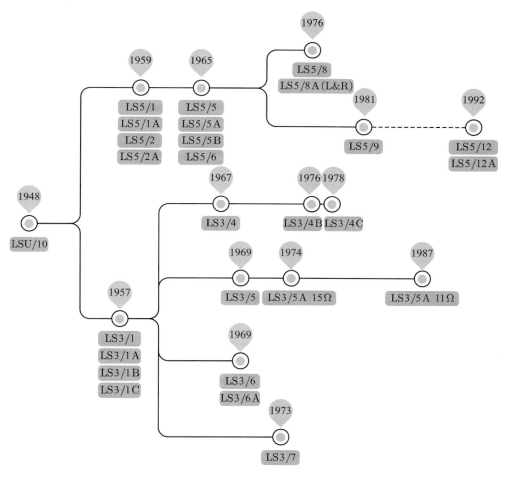

图 1.22　BBC 监听音箱发展路线图

本书作者杨立新先生开发的作品：LISXON LS3/5A 麻布大金版，2024

第 2 章
BBC 注册设备编码及研究报告

2.1　编码规则

BBC 制定了一套全面的编码规则，这套规则几乎涵盖了 BBC 所有领域中可能使用到的设备。在这里，我们仅列出与音箱相关的编码规则，以便理解 BBC 音箱的分类及其配套组件。

BBC 音箱编码分类：

LS1/– 用于通用用途，适用于非关键场所，如办公室、内容监听等场合的成品音箱；

LS2/– 扬声器单元；

LS3/– 为户外转播车（Outside Broadcast，简称 OB）用途设计的成品音箱；

LS5/– 用于录音室（Studio）的成品音箱。

配套组件编码分类：

AM8/– 供音箱使用的功率放大器；

CT4/– 音箱的箱体；

FL6/– 音箱的分频器。

BBC 的编码规则中斜线后的数字主要是按照设计时间顺序分配，而非基于箱体尺寸或其他物理特征。例如：

AM8/1 代表第一个设计的供音箱使用的功率放大器；

CT4/4 代表第四个设计的音箱箱体；

FL6/2 代表第二个设计的供音箱使用的分频器；

LS3/5 代表第五个设计的，供户外转播车（OB）使用的音箱成品；

LS5/9 代表第九个设计的，用于录音室的音箱成品。

因此，当您看到不同的编码时，应该知道这些数字反映了设计顺序而非尺寸大小或重要性。这就解释了为什么大尺寸的 LS5/8 的编号会比相对小尺寸的 LS5/9 更小——简单来说，LS5/8 是在 LS5/9 之前设计的。这一点对于初次接触 BBC 编码系统的人来说可能会有些混淆，但了解了编码背后的逻辑后，一切都变得清晰起来。

早期音箱的编码存在一些差异，例如 LSU/4、LSU/10 等，我没有查阅到其编码规则的相关资料，但可以推测，随着业务不断扩展，设备类别越来越多，BBC 重新定义了编码规则，早期的编码规则被放弃了。但这一切发生在相当早的时期（至少在 LS3/1 推出之前），现在这些设备存世已经相当稀少了，不至于造成很大的影响。

在 BBC 的编码系统中，尾部加上"A、B、C…"等字母用以表示对原始型号的第 1、2、3……次小改型。这一做法使得跟踪和区分各个型号的改进版本变得更加简便。例如，CT4/11A 代表的是对 CT4/11 箱体的第一次改进型号；LS3/5A 代表的是对 LS3/5 音箱的第一次改进型号；LS3/4C 代表的则是对 LS3/4 音箱的第三次改进型号。这种命名规则不仅清晰地记录了产品的迭代历史，也便于用户识别和选择特定版本的设备。

2.2　通用型音箱

即一般性用途的音箱，适用于办公室等非关键区域中，表 2.1 列出了通用型音箱的编码。

表 2.1　通用型音箱编码

类型	描述	备注
LS1/1	用于办公室和录音室隔间的通用全频音箱，最初编码为 LS4/1，这是一款集成了 8 英寸 Goodmans R77/837/3 低音单元、CT4/2 箱体、LS1A/1 均衡器，以及 AM8/2 电子管放大器（使用单端 EL38，产生 3W 功率）的有源音箱。	
LS1/2	一款采用 Goodmans R77/837/3 低音单元和 Celestion BCS 1852/T534 高音单元的有源音箱，搭配了 AM8/4A 放大器。AM8/4A 是一款推挽式电子管放大器，通过一对 EL34 电子管产生 15W 的功率。	
LS1/3	嵌入式音箱组件，包括 LS1/1 组件单元，分布在两个尺寸为 483mm×222 mm 的面板上。一个面板上安装了扬声器和音量控制器，另一个面板则安装了 AM8/2 放大器和 LS1A/1 均衡器。	

类型	描述	备注
LS1/4	中等质量的便携式音箱，供电影录音师节目现场使用，通过小型录音机进行回放。该音箱包括一只 203 mm 的 3Ω 扬声器，配合 AM8/10 功率放大器和 12V 干电池使用。木质箱体的尺寸约为 305mm×305mm×127mm，最大输出功率约为 4W，最小输入电平为 −20dB。	
LS1/5	提示和监听音箱，适用于不需要进行质量评估的场所。这些音箱采用廉价的商用单元，箱体尺寸约 305mm×140mm×114mm。	
LS1/6A	Spendor BC1A/B/40−20W，带有集成 M50 型 20W 放大器的节目监听音箱，是由 BBC 设计的三分频有源音箱系统。使用 Spendor 8 英寸 Bextrene 低音单元、Celestion HF1300 高音单元和 STC/Coles 4001G 超高音单元。	STC 的部分业务被 Coles 继承
LS1/6B	Spendor BC1A/B/40−50W，由 BBC 设计的三分频音箱系统，后被 LS1/8 替代。	
LS1/7	B&W DM/A 有源全频音箱，用于那些只需低质量声音再现即可满足使用要求的场所。其外形尺寸约 400mm×220mm×160mm。	
LS1/8	有源音箱，配备了一个 6 英寸低音单元和一对并排安装的 3 英寸锥形高音单元。其内置的晶体管放大器能够产生 10W 的功率。	
LS1/9	这款音箱在规格上与 LS1/8 相同，但除了标准电源输入之外，它还提供了直流供电选项，可以通过 4 针 XLR 接口接受 12/24V 的电压供电。	
LS1L/10	扬声器组件，集成了 LS 2/12 单元、LS2/13 单元和 FL6/32 的前障板组件，还包括了网罩组件。 用途： 结合 CT4/10A 箱体，可以用来制造 LS3/4C 音箱； 用于将 LS3/4B 音箱转换为 LS3/4C 型号。	
LS1/11	一般性用途音箱，由 Keith Monks（基思·蒙克斯）公司制造，适用于那些仅需低质量声音再现就能满足使用要求的场所，主要用于办公室。其外形尺寸约375mm×222mm×246mm。	

2.3　扬声器单元

表 2.2 是 BBC 扬声器单元编码。

表 2.2　扬声器单元编码

类型	描述	备注
LS2/1	BBC 设计的 12 英寸 Bextrene 低音单元，用于 LS5/5。	图 2.1
LS2/1A	与 LS2/1 类似，但具有改进的功率处理能力。	
LS2/2	BBC 设计的 8 英寸 Bextrene 中音单元，用于 LS5/5。	图 2.2
LS2/3	57mm Rola Celestion HF1400 高音单元，用于 LS5/5。	图 2.3
LS2/4	LS2/2 的修改版本，用于 LS3/6。	图 2.4
LS2/4A	LS2/4 变体，垫片厚度是 LS2/4 的两倍，用于 LS3/4。	
LS2/5	特别挑选的 57mm Rola Celestion HF1300 T534 高音单元，适用于 LS3/1C、LS3/4、LS3/6 及其衍生产品。	图 2.5
LS2/6	203mm Spendor BC2/8 MK2 中（低）音单元，用于 LS5/5A、LS5/5B 和 LS3/4B。	图 2.6
LS2/7	特别挑选的 110mm KEF B110（SP1003）低音单元，用于 LS3/5A。	图 2.7
LS2/8	Audax HD12−9−D25 高音单元，带符合 BBC 规范的金属保护罩，用于 LS3/7。	图 2.8
LS2/9	由 BBC 设计、Chartwell 制造的 12 英寸聚丙烯低音单元，用于最初的 LS5/8。	
LS2/10	34mm Audax HD13−D34H 高音单元，未配金属保护罩，用于最初的 LS5/8。	图 2.9
LS2/11	由 BBC 设计、Rogers 制造的 12 英寸聚丙烯低音单元，相当于 LS2/9，用于 LS5/8。	图 2.10

续表

类型	描述	备注
LS2/12	34mm Audax HD13-D34H 高音单元，配有 Audax 编织金属丝保护罩。适用于 LS5/8 和 LS5/9，以及 LS3/4C 和 LS5/11。	图 2.11
LS2/13	特别挑选的 Spendor SA2 8 英寸 Bextrene 低音单元，用于 LS3/4C。	图 2.12
LS2/14	由 BBC 设计、授权给 Rogers 制造的 8 英寸聚丙烯低音单元，用于 LS5/9。	图 2.13
LS2/15	34mm Audax HD13-D34H 高音单元，配有冲孔金属保护罩，用于 LS5/8 和 LS5/9。	图 2.14

其中许多是 BBC 内部制造的，也有一些是按照 BBC 要求的规格，由外部制造商生产的。我从未见过完整的列表，这是根据设计报告和其他文档编制的，因此不能保证绝对正确。

图 2.1 LS2/1 低音单元，用于 LS5/5

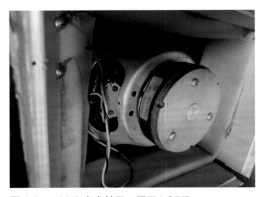

图 2.2 LS2/2 中音单元，用于 LS5/5

图 2.3 LS2/3 高音单元，用于 LS5/5

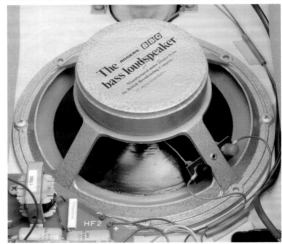

图 2.4 LS2/4 低音单元，用于 LS3/6

图 2.5 LS2/5 高音单元，特别挑选的 Celestion HF1300 T534 高音单元，用于 LS3/1C、LS3/4 和 LS3/6 及其衍生产品

图 2.10 LS2/11 低音单元，由 Rogers 制造，用于 LS5/8

图 2.6 LS2/6 中（低）音单元，Spendor BC2/8 MK2 单元，用于 LS5/5A、LS5/5B 和 LS3/4B

图 2.7 LS2/7 低音单元，特别挑选的 KEF B110（SP1003），用于 LS3/5A

图 2.11 LS2/12 高音单元，配有编织金属丝保护罩的 Audax HD13-D34H，主要用于 LS3/4C 和 LS5/11

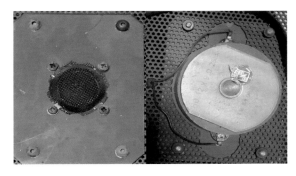

图 2.8 LS2/8 高音单元，带符合 BBC 规范的金属保护罩的 Audax HD12-9-D25，用于 LS3/7

图 2.9 LS2/10 高音单元，未配金属保护罩的 Audax HD13-D34H，用于最初的 LS5/8

图 2.12 LS2/13 低音单元，特别挑选的 Spendor SA2 8 英寸 Bextrene 低音单元，用于 LS3/4C

图 2.13　LS2/14 低音单元，由 BBC 设计、Rogers 制造的 8 英寸聚丙烯低音单元，用于 LS5/9

图 2.14　LS2/15 高音单元，用于 LS5/8 和 LS5/9

2.4　户外转播车监听音箱

最初设计用途为户外转播车（Outside Broadcast, 简称 OB），但它们也经常被用于录音室和其他非户外转播车的场合。表 2.3 列出了户外转播车监听音箱的编码。

表 2.3　户外转播车监听音箱编码

类型	描述	备注
LS3/1	使用 Plessey 15 英寸 CP73025/12/5 纸盆低音单元和 2 只 GEC BCS 1852/T247 高音单元，搭配 CT4/1 箱体和 FL6/1 分频器。高音单元安装在低音单元前面的穿孔板上，以便于近距离监听。配合 AM8/1 或 AM8/4 功率放大器使用。	LS3/1 在录音室控制隔间内使用时，通常配套 CT2/10 功放机柜和底座。
LS3/1A	第一次改型，使用 Goodmans C129B/15PR/15Ω 低音单元替代了原来的 Plessey 低音单元，同时 Rola Celestion BCS 1852/T534 高音单元替代了 GEC 高音单元，其余配置与 LS3/1 相同。	
LS3/1B	第二次改型，使用 FL6/10 分频器替代 FL6/1，其余配置与 LS3/1A 相同。	
LS3/1C	第三次改型，维护版本，包含 LS2/1 低音单元和两只 LS2/5 高音单元，使用 CT4/1 箱体和 FL6/21 分频器。	
LS3/2	带有音箱的印刷电路板，其规格为 76mm×137mm，用于与 127mm 中等质量的图片显示器（MN3/5021）配合使用。	被撤销的项目。
LS3M/3	用于户外转播车等需要小型、中等监听质量的场所，包括一只来自 Goodmans 公司的"Maxim"音箱，安装在装有 AM8/9 功放的金属支架上，外形尺寸为 267mm×267mm×191mm。	不是高质量监听音箱。
LS3/4	专为 MCR（移动电视控制室，即现代用语中的"户外转播车"）设计的二分频音箱，采用了三角形倾斜的箱体，以便安装在天花板角落。它包含了 LS2/4A 低音单元和 LS2/5 高音单元，使用 CT4/10 箱体和 FL6/14 分频器。该音箱是委托给 KEF 生产的，低音单元容易出现故障。	
LS3/4A		被撤销的项目。
LS3/4B	替代 LS3/4，三角形倾斜箱体，专门用于安装在天花板角落。该音箱包括 LS2/6 低音单元（Spendor BC2/8）、LS2/5 高音单元、FL6/25 分频器以及 CT4/10 箱体。	可能是委托给 Spendor 生产的。
LS3/4C	替代 LS3/4 和 LS3/4B，使用了 8 英寸 Bextrene 低音单元（LS2/13）和 Audax HD13−D34 34mm 球顶高音单元（LS2/12），配备 CT4/10A 箱体。	可能是委托给 Spendor 生产的。

续表

类型	描述	备注
LS3/5	由 BBC 研发部设计的高质量小型监听音箱，用于 MCR（移动控制室）。它包括 KEF B110（A6362）低音单元，KEF T27（A6340）高音单元，FL6/16 分频器以及 CT4/11 箱体，阻抗为 9Ω。	
LS3/5A	BBC 设计部门对 LS3/5 进行了修改，以应对 KEF 驱动单元的变化。这一改型包括了 LS2/7 低音单元（特别选择的 KEF B110 SP1003）、KEF T27（SP1032）高音单元、FL6/23 分频器、CT4/11A 箱体，阻抗为 15Ω。 到了 1987 年，LS3/5A 经历了第二次改型，包括 KEF B110（SP1228）低音单元、KEF T27（SP1032）高音单元、FL6/38 分频器、CT4/11A 箱体，阻抗调整为 11Ω。	
LS3/6	用于户外转播车和录音室的高质量监听音箱，是 LS3/4 的矩形版本。它包括 LS2/4 低音单元、LS2/5 高音单元、FL6/17 分频器以及 CT4/12 箱体。	
LS3/6A	用于户外转播车和录音室的高质量监听音箱，是 LS3/6 的拓展高频版本。这款音箱包括 LS2/4 低音单元、LS2/5 高音单元、Rola Celestion HF2000 超高音单元、FL6/22 分频器和 CT4/13 箱体。	市面上见到的 Rogers LS3/6 其实都是三单元版本的 LS3/6A。
LS3/7	用于需要相对较高声压级的户外转播车场所的高质量监听音箱，旨在取代 LS3/1。基于改进的 Quad 303 的主动式设计，该音箱存在两个版本。 A 版本：早期版本，配置包括 Spendor 12 英寸 Bextrene 低音单元（LS2/1）和 Audax HD12–9–D25 1 英寸高音单元（LS2/8），电子分频器或分频前级 AM1/53、双功率放大器 AM8/14（BBC 改进的 Quad 303），以及 CT4/15 箱体。 B 版本：稍晚的版本，与 A 版本的主要区别在于功放的改变，采用了集成了电子分频前级的双功率放大器 AM8/15（Quad 303A2），其余组件与 A 版本相同。 两个版本均使用相同的输出连接器，功放与音箱之间的正常最大距离为 10m。 高音单元和低音单元采用同轴组装，适合近距离监听，BBC 给出的最近监听距离低至 0.5m，不会导致严重听觉错误。	BBC 特别强调，维护工作仅限于前级和功率放大器，而高音单元和低音单元需要专门的技术部门进行正确调整，不允许随意更换。

2.5　录音室监听音箱

录音室（Studio）监听音箱最初设计用于录音室，表 2.4 列出了录音室监听音箱的编码。

表 2.4　录音室监听音箱编码

类型	描述	备注
LSU/10	用于录音室的高质量监听，第一台 LSU/10 音箱大约在 1948 年推出，采用 Parmeko 同轴 18 英寸低音 / 号角高音单元，后期为了拓展高频响应，增加了 Lorentz LPH65 高音单元。内置 BBC LSM/8 电子管功放，这款功放由 Leak 或 SoundSales 制造。 使用 280L 的巨大厚壁箱体，箱体由位于 Harrow（伦敦西北的小镇）的 Lockwood 公司（一家棺材制造商）按照 BBC 的规格制作。 频响范围实际是 40Hz~6kHz。6 kHz 的上限足以在 AM 时代用于 BBC 录音室内的监听，当时的音乐录制在 78r/min 的虫胶唱片中，此类唱片自身频响有限。	1898~1950 年期间制作的 78r/min 唱片，通常使用虫胶树脂脆性材料制成。
LSU/12A	尚不明确用途，仅在 BBC 研究报告 1958/31 中有提及。	
LS5/1	用于录音室高质量监听，旨在取代 LSU/10。这款音箱包括 Plessey CP73025/12/5 低音单元、两只 GEC BCS 1852/T247 高音单元，搭配 FL6/2 分频器和 CT4/4 箱体。AM8/4 功放安装在箱体底部的隔间内。这款音箱的配置与 LS3/1 基本相同，但使用了更大的箱体以获得更好的声学性能，并且两个高音单元安装在低音单元的上方，而不是前面。	

类型	描述	备注
LS5/1A	第一次改型，采用了 Goodmans C129B/15PR/15Ω 低音单元替代了原来的 Plessey 低音单元，Rola Celestion BCS1852/T534 高音单元替代了 GEC 高音单元，FL6/4 分频器替代了 FL6/2 分频器，其余配置与 LS5/1 相同。	
LS5/2	LS5/1 的电视版本，使用改进的 CT4/3 箱体，使其能够悬挂在电视控制室中。	
LS5/2A	LS5/1A 的电视版本，使用 CT4/5 箱体，使其能够悬挂在电视控制室。使用 AM8/6 功放代替 AM8/4。	
LS5/3	用于电视录音室氛围音的音箱，采用了 Philips 9710M 单元，但箱体的具体规格未明确给出。	被撤销的项目。
LS5/3A	使用 Goodmans 公司的 R77/837/3 单元替代 Philips 单元，箱体的具体规格未明确给出，等同于 LS5/3。	被撤销的项目。
LS5/4	用于 Bush House（伦敦 BBC 办公大楼）录音室控制隔间监听。这款音箱使用 CT4/6 箱体，以便于放置在桌子上使用，等同于 LS3/1A。	
LS5/5	用于录音室高质量监听，大型三分频录音室监听音箱，旨在取代 LS5/1。配置包括 12 英寸 Bextrene 低音单元（LS2/1）、8 英寸 Bextrene 中音单元（LS2/2）、Celestion HF1400 高音单元（LS2/3）、FL6/11 分频器和灰色油漆的 CT4/8 箱体。最大声压级：103dB（A）@1.5m。委托给 KEF 公司制造。	
LS5/5A	LS5/5 的维护版本，采用 Spendor BC2/8mkⅡ（LS2/6）中音单元替代 LS2/2。	
LS5/5B	LS5/5 的维护版本，采用 Spendor BC2/8mkⅡ（LS2/6）中音单元替代 LS2/2，用柚木饰面的 CT4/14A 箱体替代 CT4/8 箱体。	
LS5/6	LS5/5 的电视版本，使用 CT4/9 箱体，使其能够悬挂在电视控制室。	
LS5/7	用于录音室高质量监听，大型主动式三分频录音室监听音箱，包括 LS2/1、LS2/6 和 LS2/3，及电子分频前级和独立的功率放大器。	被撤销的项目。
LS5/8	大型录音室监听音箱，用于录音室高质量监听，取代 LS5/1 和 LS5/5。原型设计使用 Chartwell 305mm 聚丙烯低音单元（LS2/9）和 Audax HD12-9-D25 高音单元（LS2/8），批量生产使用 12 英寸聚丙烯低音单元（LS2/11）和 Audax HD13-D34H 高音单元（LS2/15），AM8/16 电子分频器以及改进的 Quad 405 功放，CT4/15 箱体尺寸为 602 mm × 457 mm × 381 mm，带有两个把手。最大声压级为 116dB（A）@1.5m。由 Swisstone（Rogers）生产制造。	1992 年 1 月之后，Quad 405 功放停产，Chord 开始提供 SPM 800 功放，并将其命名为 AM8/20。
LS5/8A（L&R）	与 LS5/8 相同，但前障板以 30° 倾斜，安装于转播车角落。左手和右手版本组成一对。由于音箱靠墙，需要进行特殊的声学处理。	已知有 8 对曾在 BBC 服役。
LS5/9	中型录音室监听音箱，用于中小型录音室和 OB 等场合进行高质量监听（LS5/8 对于这些场合太大了）。设计的目标是获得与 LS5/8 相同的声音表现。使用 BBC 设计的 8 英寸聚丙烯低音单元（LS2/14），与 LS5/8 相同的 Audax HD13-D34H 高音单元（LS2/15），FL6/36 分频器，CT4/16 箱体。最初的设计沿用了 LS5/8 的想法——采用电子分频主动版本，但后来发现被动版本似乎更好，因此只保留了被动版本。最大声压级：105dB（A）@1.5m。授权给 Swisstone（Rogers）和 Spendor 制造。	Rogers 几乎制造了所有的 LS5/9，Spendor 仅为特定用户提供了少量定制产品。
LS5/9Z	装配有功放的 LS5/9。组件包括：LS5/9 音箱，AM8/17 功率放大器和功放框架 FW1/17，通用安装框架（箍筋）FW1/19 及配套线材。	AM8/17 功放通常用螺栓固定在箱体背板上。
LS5/10	尚未查阅到任何关于 LS5/10 的资料，可能是被撤销的项目。	
LS5/11	LS3/4 修改版本，旨在听起来像 LS5/9。使用与 LS5/9 相同的高音单元和低音单元，但对分频器进行了修改。最大声压级：106dB（A）@1.5m。	

类型	描述	备注
LS5/12	BBC 的最后一个设计，使用 Dynaudio 的高音单元和低音单元，尺寸与 LS3/5A 相似，但稍深一些，并且在后面板上有导向口。该设计由 BBC 设计工程部门的 Graham Whitehead 设计，并非来自 BBC 研发部。	从未商业化生产。
LS5/12A	LS5/12 的修改版，曾经的制造商有 Harbeth、Chord、Dynaudio，总体来说这不是一个非常成功的设计。	*Stereophile* 杂志于 1995 年对其进行了系统性评估。

2.6　组件对应表

为了方便大家阅读，将音箱与组件的对应关系汇总如下，这样更加直观。表 2.5 是户外转播车（OB）监听音箱组件对应表，表 2.6 是录音室（Studio）监听音箱组件对应表。

表 2.5　户外转播车（OB）监听音箱组件对应表

音箱型号	低（中）音单元	高音单元	分频器	箱体	配套功放
LS3/1	Plessey 15 英寸 CP73025/12/5	2×GEC BCS 1852/T247	FL6/1	CT4/1	AM8/1 或 AM8/4
LS3/1A	Goodmans C129B/15PR/15	2×LS2/5	FL6/1	CT4/1	AM8/1 或 AM8/4
LS3/1B	Goodmans C129B/15PR/15	2×LS2/5	FL6/10	CT4/1	AM8/1 或 AM8/4
LS3/1C	LS2/1	2×LS2/5	FL6/21	CT4/1	AM8/1 或 AM8/4
LS3M/3	Goodmans Maxim				AM8/9
LS3/4	LS2/4A	LS2/5	FL6/14	CT4/10	
LS3/4B	LS2/6	LS2/5	FL6/25	CT4/10	
LS3/4C	LS2/13	LS2/12	FL6/32	CT4/10A	
LS3/5	KEF B110（A6362）	KEF T27（A6340）	FL6/16	CT4/11	
LS3/5A（15Ω）	LS2/7 特别选择的 KEF B110（SP1003）	KEF T27（SP1032）	FL6/23	CT4/11A	AM8/12
LS3/5A（11Ω）	KEF B110（SP1228）	KEF T27（SP1032）	FL6/38	CT4/11A	AM8/12
LS3/6	LS2/4	LS2/5	FL6/17	CT4/12	
LS3/6A	LS2/4	LS2/5+Rola Celestion HF2000	FL6/22	CT4/13	
LS3/7	LS2/1	LS2/8		CT4/15	AM1/53+AM8/14 或 AM8/15

表 2.6　录音室（Studio）监听音箱组件对应表

音箱型号	低（中）音单元	高音单元	分频器	箱体	配套功放
LSU/10	Parmeko 同轴 18 英寸低音 / 号角高音	Lorentz LPH65			LSM/8
LS5/1	Plessey CP73025/12/5	2 × GEC BCS 1852/T247	FL6/2	CT4/4	AM8/4
LS5/1A	Goodmans C129B/15PR/15	2 × LS2/5	FL6/4	CT4/4	AM8/4
LS5/2	Plessey CP73025/12/5	2 × GEC BCS 1852/T247	FL6/2	CT4/3	AM8/4
LS5/2A	Goodmans C129B/15PR/15	2 × LS2/5	FL6/4	CT4/5	AM8/6
LS5/3	Philips 9710M				
LS5/3A	Goodmans R77/837/3				
LS5/4	Goodmans C129B/15PR/15	2 × LS2/5	FL6/1	CT4/6	AM8/4
LS5/5	LS2/1+LS2/2	LS2/3	FL6/11	CT4/8	AM8/11（改进的 Quad 50D）
LS5/5A	LS2/1+LS2/6	LS2/3	FL6/11	CT4/8	
LS5/5B	LS2/1+LS2/6	LS2/3	FL6/11	CT4/14A	
LS5/6	LS2/1+LS2/2	LS2/3	FL6/11	CT4/9	
LS5/7	LS2/1+LS2/2	LS2/3			
LS5/8（原型）	LS2/9	LS2/8		CT4/15	
LS5/8（批量）	LS2/11	LS2/15		CT4/15	AM8/16（改进的 Quad 405）
LS5/9（BBC）	LS2/14	LS2/15	FL6/35	CT4/16	AM8/17
LS5/9（Rogers）	LS2/14	LS2/15	FL6/36	CT4/16	AM8/17
LS5/11	LS2/14	LS2/15			
LS5/12	Dynaudio 15W75	Dynaudio D260			
LS5/12A	Dynaudio 15W75	Dynaudio D260			

2.7　关于 Ⅰ 级和 Ⅱ 级监听音箱的澄清

　　我们需要澄清一件事——BBC 从未定义过所谓的 Ⅰ 级和 Ⅱ 级监听音箱！

　　这种误解一直存在，人们经常将 LS3/5A 称为 Ⅱ 级监听音箱，同时 LS5/8 被描述为 Ⅰ 级监听音箱。也许 Trevor Butler（特雷弗·巴特勒）的"A little legend the BBC LS3/5A（小传奇——BBC LS3/5A）"（刊登于 1989 年 1 月号 *Hi-Fi News & Record Review*）是这种说法的最初来源，

因此越来越多的人开始相信型号中的"LS3/-"表示"Grade Ⅱ"，"LS5/-"表示"Grade Ⅰ"。不幸的是，这种说法已经被反复提及，但 BBC 从未使用过这样的分类。

　　实际上，"LS3/-"表示"供户外转播车（OB）使用"，而"LS5/-"表示"供录音室（Studio）使用"。在"BBC 已注册的设计和编码设备"（BBC Registered Designs And Coded Equipment）中相当清晰地注明了这一点。

　　无论是在户外转播车（OB）还是录音室（Studio）场景下，监听音箱都被设计得尽可能优秀。必须明

白的是，与商业同行相比，BBC 的工程师并没有在诸多限制中进行研发工作，他们拥有充足的时间和预算来开发当时最好的产品。同时，他们能够轻松利用录音室和消声室，并频繁接触到现场表演环境，这种优势在当时没有任何音箱制造商可与之相比。

户外转播车与录音室监听音箱之间的主要差异在于物理空间。转播车内的监听音箱设计必须适应更为紧凑的空间，并且通常需要置于比录音室内更接近监听者的位置。因此，针对这一特性采取了相应措施，如在 LS3/1 和 LS3/7 音箱将高音单元设置于低音单元前方（而非上方），以获得最佳的功率响应和立体声成像。同样基于此原因，这类音箱的峰值声压级需求通常较低，但这绝不意味着可以对声音品质有任何妥协。

2.8　BBC 研究报告

本来我试图在此列出所有与音箱设计相关的 BBC 研究报告清单，但当我在浩如烟海的 BBC 研究报告中查询时，我认为有必要放弃掉其中的一部分关联性不强的报告，否则这份清单实在是太长了。这也意味着表 2.7 中保留的内容相对来说都非常重要，花一些时间完整地阅读报告内容，有助于您更加深入地了解 BBC 的研究方法和成果，这些文件都可以从 BBC 官方网站下载，版权属于 BBC，因此请在下载任何文件之前阅读版权声明。

表 2.7　BBC 研究报告汇总表

报告	标题
1938/29	户外转播音箱所用功放及挡板的技术设计（The technical design of O.B. loudspeaker amplifier and baffle）
1944/09	音箱瞬态响应测量方法的最新学术研究（Recent investigations into methods of measuring the transient response of loudspeakers）
1946/06	使用 RK 音箱进行录音室平衡的学术研究，特别是未来可能使用的宽频音箱（Investigations into the use of RK loudspeakers for studio balancing with particular reference to the probable future use of wide range loudspeakers）
1948/04	用于监听目的的宽频音箱的选择（第一次报告）（The selection of a wide-range loudspeaker for monitoring purposes（First Report））
1949/03	用于监听目的的宽频音箱的选择（第二次报告）（The selection of a wide-range loudspeaker for monitoring purposes（Second Report））
1949/07	便携式 $7\frac{1}{2}$W 音箱放大器（A portable $7\frac{1}{2}$W Loudspeaker Amplifier）
1949/39	监听音箱的箱体设计（The design of a cabinet for use with monitoring loudspeakers）
1952/05	用于监听目的的宽频音箱的选择（最终报告）（The selection of a wide-range loudspeaker for monitoring purposes（Final Report））
1954/13	Klein-Plessey 等离子音箱（The Klein-Plessey ionophone loudspeaker）
1954/28	用于确定音箱和麦克风平均球面响应的自动积分器（An automatic integrator for determining the mean spherical response of loudspeakers and microphones）
1955/08	Robbins-Joseph Pao（R-J）音箱箱体（The Robbins-Joseph Pao（R-J）loudspeaker enclosure）
专著 08（1956.8）	用于确定音箱和麦克风平均球面响应的自动积分器（An Automatic Integrator for Determining the Mean Spherical Response of Loudspeakers and Microphones）
1958/28	谈话录音室和听音室的声学设计（The acoustic design of talks studios and listening rooms）
1958/29	BBC 声学（Acoustics in the B.B.C.）
1958/31	高品质监听音箱的发展：进展回顾（The development of high-quality monitoring loudspeakers: A review of progress）
1959/16	小房间内混响时间变化和声音扩散的研究（An investigation of reverberation time variations and diffusion of sound in small rooms）
1963/01	双声道立体声再现中，音箱指向性和方位对有效听众区域的影响（The influence of loudspeaker directivity and orientation on the effective audience area in two-channel stereophonic reproduction）

报告	标题
1965/09	Goodmans 'Maxim' 音箱（The Goodmans 'Maxim' loudspeaker）
1966/28	一款用于监听音箱的低音单元的设计（The design of a low-frequency unit for monitoring loudspeakers）
专著 68（1967.1）	关于录音室声音问题的最新研究（Recent Research on Studio Sound Problems）
1967/24	男性语音立体声图像的位移和宽度规律的研究（An investigation of the law of displacement and of width of a stereophonic image for male speech）
1967/57	LS5/5 和 LS5/6 录音室监听音箱的设计（The design of studio monitoring loudspeakers types LS5/5 and LS5/6）
专著 78（1969.1）	高品质监听音箱的各个方面（Aspects of High-quality Monitoring Loudspeakers）
1969/05	LS3/4 音箱的设计（The design of the LS3/4 loudspeaker）
1969/16	小房间内声音扩散指数的测量（The measurement of sound diffusion index in small rooms）
1970/13	声学缩放：概述（Acoustic scaling: General outline）
1972/03	声学缩放：对验证实验的评估（Acoustic scaling: an evaluation of the proving experiment）
1972/25	与低频信号相关的音箱失真（Loudspeaker distortion associated with low-frequency signals）
1972/34	声学缩放：仪器（ACOUSTIC SCALING: Instrumentation）
1974/12	声学缩放：提高录音室模型高度对声学质量的影响（ACOUSTIC SCALING: the effect on acoustic quality of increasing the height of a model studio）
1974/27	声学缩放：审查 Maida Vale Studios No. 1 录音室可能的修改（ACOUSTIC SCALING: examination of possible modifications to Maida Vale Studios No. 1.）
1974/28	声学缩放：主观评价及声学质量指南（ACOUSTIC SCALING: subjective appraisal and guides to acoustic quality）
1974/38	四声道再现的听力相关特性（Properties of hearing related to quadraphonic reproduction）
1975/11	声学缩放：Manchester 大型录音室的设计：中期报告（ACOUSTIC SCALING: the design of a large music studio for Manchester : Interim Report）
1975/35	声学缩放：Manchester 大型录音室的设计：最终报告（ACOUSTIC SCALING: the design of a large music studio for Manchester: Final Report）
1976/29	小型监听音箱 LS3/5A 的设计（The design of the miniature monitoring loudspeaker type LS3/5A）
1977/03	音箱箱体设计的影响因素（Factors in the design of loudspeaker cabinets）
1977/37	对廉价音箱的改进（Improvements to cheap loudspeakers）
1979/22	高质量录音室监听音箱 LS5/8 的设计（Design of the high-level studio monitoring loudspeaker type LS5/8）
1981/06	声学缩放：回顾迄今为止的进展和未来可能的发展（Acoustic scaling: a review of progress to date, and of possible future development）
1981/12	压电塑料换能器 – 可行性研究（Piezoelectric plastic transducers – a feasibility study）
1983/10	录音室监听音箱 LS5/9 原型的设计（The design of the prototype LS5/9 studio monitoring loudspeaker）
1983/13	测量扬声器振膜运动的光学方法（Optical methods of measuring loudspeaker diaphragm movement）
1984/18	声学缩放：Manchester Studio 7 录音室声学模型的重新评估（ACOUSTIC SCALING: A re-evaluation of the acoustic model of Manchester Studio 7）
1985/07	声学缩放：改进仪器的发展（ACOUSTIC SCALING: the development of improved instrumentation）
1986/03	动圈式高音单元原型的设计（Design of a prototype moving-coil high-frequency loudspeaker drive unit）
1988/14	广播监听用音箱的设计（On the design of loudspeakers for broadcast monitoring）

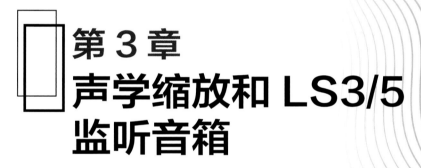

第 3 章
声学缩放和 LS3/5
监听音箱

声学缩放系列研究报告多达 10 余篇，时间跨度长达 15 年，凸显了其在 BBC 诸多研究成果中的重要程度。几十年前无法通过计算机模拟获取空间的声学特征，因此最有效的方法是通过声学模型实验获得一系列声学数据，BBC 显然做到了这一点。

3.1 基本原理

声学缩放的基本原理是通过使用 1/8 比例模型和 1/8 波长（即 8 倍频率）来记录。通过这些记录，可以评估特定声学环境的优点，而无须建造实际大小的环境。当然，这意味着整个模型链路上的所有设备，包括磁带播放机、音箱、话筒和录音机，必须能够在 400Hz~100kHz 的频率范围内以非常高的质量运行，以便能够准确地模拟例如 50Hz~12kHz 的典型带宽。

声学缩放建筑模型是基于真实录音室尺寸的 1/8 制作的。图 3.1 和图 3.2 展示了 Maida Vale Studios No.1（梅达韦尔 1 号录音室）的声学缩放模型，而图 3.3 展示了 Manchester Studio 7（曼彻斯特 7 号大型录音室）的声学缩放模型。这些模型几乎包含了其中所有细节，甚至考虑到了演奏者本身对声学效果的影响，制作了一些演奏者坐姿模型。要在模型中实现声音的缩放，必须将声音波长缩短到正常水平的 1/8（频率增加至 8 倍），播放和录制的声音的速度则是正常水平的 8 倍。

图 3.1　Maida Vale Studios No.1 录音室声学缩放模型图，工作人员正在进行测量工作

图 3.2　Maida Vale Studios No.1 录音室声学缩放模型图，包含演奏者和监听设备

图 3.3　Manchester Studio 7 大型录音室声学缩放模型图，包含演奏者和监听设备

3.2 实验操作步骤

实验操作步骤大致如下。

（1）将原始节目材料通过播放机以 8 倍的速度在声学缩放模型房间中播放。

（2）话筒拾取实验用"小音箱"发出的声音。

（3）磁带录音机将话筒采样的声音重新录制。

（4）在标准听音室中以正常速度播放模型房间中录制的声音。

（5）对比（1）和（4）中两种声音的表现。

如果几乎没有差异，则表明模型房间的声学处理是成功的。

实验操作流程如图 3.4 所示。

然而，要实现这些目标并非易事，实验中所需的仪器和设备都必须极其精密。整个系统中的所有组件，包括播放机、音箱、话筒及录音机，都必须能够在 400Hz~100kHz 的频率范围内以非常高的质量运行，以确保能够精确还原 50Hz~12kHz 的典型带宽。

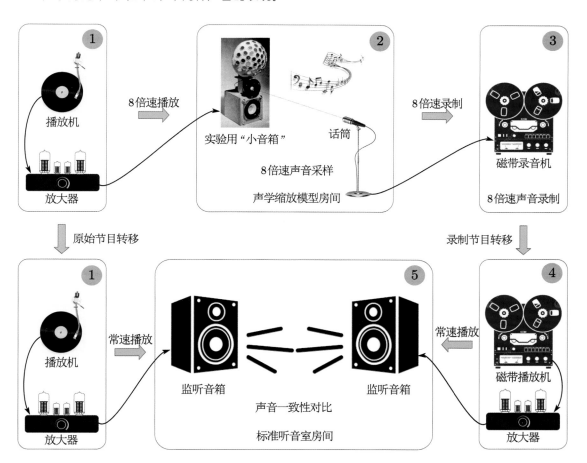

图 3.4 声学缩放实验操作流程图

3.3 实验用监听音箱

从 1968 年起，Harwood 先生领导的声学缩放项目致力于解决声学空间设计的难题。为了这项工作，BBC 需要一种能在 400Hz~100kHz 频率范围内高质量工作的"小音箱"。生产的首个原型为二分频系统，如图 3.5 所示。

在当时，没有商用的低音单元能够在高于

图 3.5　声学缩放项目早期设计的"小音箱"

15kHz 的频率下正常工作，因此 BBC 特别制造了一款 110mm 低音单元。需要注意的是，这不是 KEF 开发的 B110 单元，B110 单元的使用频率仅能达到大约 5kHz。该 BBC 特制单元的锥盆采用了 0.25mm 厚的 Bextrene 材料，直径为 70mm，而锥盆的折环则使用了 PVC（聚氯乙烯）材料。为了覆盖所需的频带宽度，锥盆被设计为高度扩口，并在锥盆中央加入了一个扁平的 PVC 材料振膜以替代传统的防尘帽，有效消除了锥盆的空气共振，同时中央振膜还改善了离轴频率响应特性。为了实现所需的宽频散特性，使用两个低音单元以 120° 的夹角安装。

高音单元负责 15kHz~100kHz 的频率范围，在当时能够运行在这样高频率上的商业可用高音单元仅有德国穆勒 BBN 公司生产的静电型高音阵列。这些高音单元被安装在半径为 100mm 的半球上，该半球由薄铜材料制成，这样做是为了共振得到良好的阻尼。为了防止空气共振，单元与半球之间的空间被填充了海绵材料，半球的空心后部也填充了相同的材料。

在回放录制的节目时发现，1.5 kHz 及以下的中低频存在显著的音染，这间接表明"小音箱"在 12 kHz（即 1.5 kHz 的 8 倍）及以下频率存在较大的音染，而这正处于 110mm 低音单元的负责范围

之内。因此，必须对"小音箱"进行一些调整……

因此，原本的二分频设计被放弃，转而采用了三分频设计。为了便于区分，我给它取了一个新名字——"小音箱 V2"，如图 3.6 所示。新设计中做出的改变包括：低音单元更换为单只 110mm 单元，负责 3 kHz 及以下的频率（对应的正常频率是 375Hz），该单元的辐射角度足以覆盖该频率范围；在低音单元上方新增加了 KEF T27（A6340）单元，负责 3kHz~21kHz 的"中频"，测试结果显示没有明显的音染；而在 21kHz 以上直至 100kHz 的高频段，仍然由静电单元阵列负责。这种架构与传统的三分频音箱一样，没有任何单元超出了其工程限制，因此频率响应特性更均匀，音质也得到了显著的改善。

评估表明，修改后的"小音箱 V2"性能相当出色，尽管未能实现截止频率低于 100Hz 的水平。

图 3.6　BBC 声学缩放项目中所使用的"小音箱 V2"，1969~1980 年

3.4　LS3/5 监听音箱

声学缩放项目中使用的"小音箱 V2"的音质表现极为出色，这激发了一个新的想法——是否可能制造出一款非常小的高质量音箱，用于狭小空间的监听？需要明白的是，当时 BBC 对于"小型"监听音箱的定义是相对的，类似于 LS3/6 的体量，其体积大约为 56L。

正是在那个时期（1969 年夏），BBC 提出了开发一款用于 MCR 的小型监听音箱的需求。这项任务被交给了位于 Kingswood Warren 的 BBC 研发部，音箱原型的开发仅用了不到一周时间就完成了。这款音箱就是 LS3/5，之所以能够如此迅速地完成开发，正是得益于声学缩放项目上获得的宝贵经验。它的体积确实非常小，仅有 5L——只有 LS3/6 体积的十分之一！ LS3/5 和 LS3/6 的原型见图 3.7。

LS3/5 箱体由 9mm 多层桦木板制成，但根据 Trevor Butler 所撰写的"小传奇"的说法，后背板由品质较低的云杉多层板制成，延续 BBC 经典的"薄壁"箱体传统，箱板内侧添加了沥青阻尼垫，并使用海绵进行空气阻尼，前后板均可拆卸，用螺丝固定。高音单元与声学缩放项目中"小音箱 V2"使用的 KEF T27（A6340）相同，但低音单元没有选择声学缩放项目中 BBC 特别制作的版本，而是选择了 KEF B110（A6362）。最初分频网络的低通部分被设计成是标准四阶，但这并不正确，1970 年 10 月 9 日电路拓扑结构被更改为类似于 LS3/5A 中 FL6/23 分频器的电路拓扑结构。LS3/5 与 LS3/5A 所使用的高音单元和中低音单元参数完全不同，分频元件的数值当然也是不同的，最终完成的 LS3/5 使用 FL6/16 分频器，音箱标称阻抗为 9Ω。图 3.8~图 3.10 分别是 KEF T27（A6340）高音单元、KEF B110（A6362）低音单元和 FL6/16 分频器的实物照片。

LS3/5 由 BBC 工程部自行制作，并在多辆转播车上部署，取得了良好的效果。然而，在 BBC 计划

图 3.7　LS3/5（左）和 LS3/6（右）的原型

图 3.8　KEF T27（A6340）高音单元

图 3.9　KEF B110（A6362）低音单元

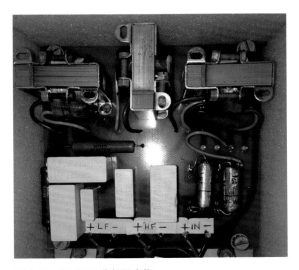

图 3.10　FL6/16 分频器实物

制作更多 LS3/5 的时候，发现 KEF 的 B110（A6362）和 T27（A6340）单元已经改款。这一情况似乎反映了 BBC 与 KEF 之间的沟通并不够频繁。

Malcolm Jones（马尔科姆·琼斯），原 KEF 高级开发工程师，Falcon 公司创始人，现在仍担任 Falcon 公司技术顾问，回忆说 T27（A6340）停产的原因是注塑模具过度磨损而失效，导致 T27 被重新设计为 SP1032 版本。与此同时，B110（A6362）似乎也停产了，尽管目前还没有找到详细的历史资料来解释这一决定的原因——可能与产品一致性或成本有关。幸运的是，由于 KEF Cresta 音箱当年的产量很大，现在我们可以相对容易地在 Cresta 音箱中找到 B110（A6362），这个版本的 B110 与 B110（SP1003）相比，使用了更大的磁铁，其弹波峰谷间距也更大，TS 参数也有所不同，但锥盆的材料及轮廓与 SP1003 似乎是相同的。

"小传奇"中提到 LS3/5 总共大约只生产了 20 只，不久前，我发现编号为 113 的 LS3/5，如图 3.11 所示。BBC 前工程师 Nick Cutmore（尼克·卡特莫尔）告诉我，"按照 BBC 的规则，1~100 号段通常留给原型样本使用，工程部正式制造的产品编号从 101 开始"。以此推测图 3.11 中的 LS3/5 是由工程部制造的第 13 只音箱。

时至今日，寻找原始的 BBC LS3/5 变得极为困难。几年前我开始尝试逆向设计时，遇到了前所未有的挑战，主要问题来自两个方面：首先是很难找到符合特定激励方式要求的箱体，其次是寻找符合规格的 B110（A6362）低音单元异常难——LS3/5 的低音单元也是经过特别挑选的。图 3.12~ 图 3.14 分别展示了 LS3/5 的分频器电路图、典型轴上频率响应曲线和典型阻抗幅值曲线。

图 3.11　编号为 113 的 LS3/5 实物图

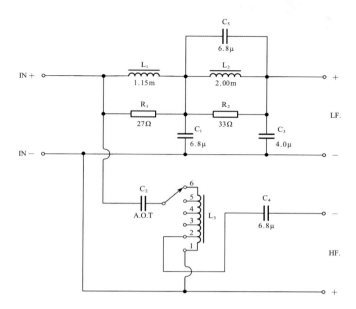

图 3.12　FL6/16 分频器电路图

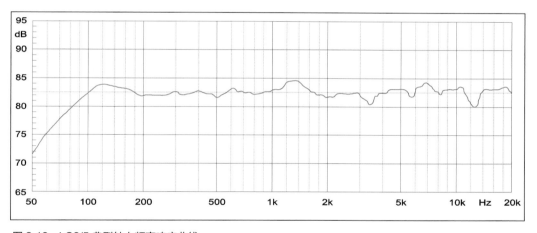

图 3.13　LS3/5 典型轴上频率响应曲线

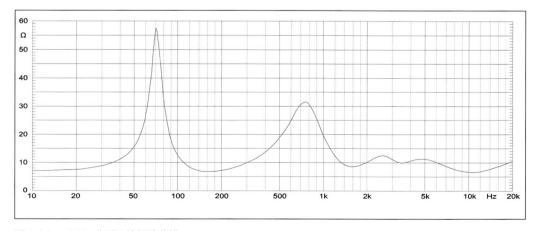

图 3.14　LS3/5 典型阻抗幅值曲线

本书作者杨立新先生开发的作品：LISXON LS3/5, 2021

第 4 章
LS3/5A 监听音箱

改款后的 KEF T27（SP1032）和 KEF B110（SP1003）由于生产改进而具有不同的声学特性，因此 BBC 有必要针对新的 B110 和 T27 单元重新修改设计。这项工作大约开始于 1973 年的某个时间，开发过程极为严谨，通过仪器精密测量，并与 LS5/5* 监听音箱以及包括管弦乐队在内的现场音源比较等手段来进行微调，因此开发成本极高，当年的花费达到了 10 万英镑之巨，大约相当于今天的

150 万英镑！没有任何商业音箱制造商会如此吹毛求疵和高成本地长期投入，这也是该设计受到高度评价的原因之一。

KEF T27（SP1032）单元如图 4.1 所示，KEF B110（SP1003）低音单元如图 4.2 和图 4.3 所示。

* 在 LS3/5A 非官方网站中，Paul Whatton（保罗·沃顿）介绍说是 LS5/8，但 LS3/5A 生产测试计划 DDMI No.3.570（74）中指明是 LS5/5A。

图 4.1　KEF T27（SP1032）高音单元

图 4.2　KEF B110（SP1003）低音单元，1974 年 7 月之前使用白色盆架

图 4.3　KEF B110（SP1003）低音单元，1974 年 7 月之后使用黑色盆架

1974 年 2 月 19 日，Rogers 公 司（Jim Rogers 时期）发布了一份新闻稿，自豪地宣布他们将在当年 4 月举行的 SONEX'74 展览上展示最新设计的 LS3/5 音箱。暂定的技术参数：功率 25W，频响 80~20000Hz ±3dB，60~20000Hz ±4dB，分频点设定在 3000Hz。使用的是一款 110mm 的低音单元（带有 Plastiflex 涂层的 Bextrene 锥盆）和一款 27mm 的 Mylar 聚酯薄膜球顶高音单元。价格（包含增值税）为每只 52 英镑。他们还提供了产品的彩色宣传册，如图 4.4 所示。

宣传册中明确表示"该音箱由 BBC 研发部设计，在 BBC 授权许可下生产，并符合 LS3/5 规范"。很明显，此时使用的驱动单元已经是 KEF B110（SP1003）和 T27（SP1032）。从分频器的元件分析来看，这个版本的元件参数很可能与接下来要讨论的 Kingswood Warren LS3/5（A）

相同。由于此时 BBC 还没有为改型的音箱重新命名，所以无论是 Rogers LS3/5（A）原型产品还是 Kingswood Warren LS3/5（A），都有理由认为它们仍属于 LS3/5 的范畴。但考虑到它们已经使用了 KEF B110（SP1003）和 T27（SP1032）单元，它们无疑是使用了新的单元的第一阶段研发部的产物，实际上应该已经可以被视为 LS3/5A 了，这也是我在"A"上加括号的原因。

Jim Rogers 为 LS3/5（A）的市场推广做了大量的准备工作，投入了大笔的资金。然而，正当 Rogers 公司满怀激情准备大展拳脚时，他们却接到了 BBC 宣布将新设计命名为 LS3/5A 的消息，音箱的规格和分频器参数都发生了变化。宣传册上的那张贴有红色文字的小贴纸透露了这一切："自宣传册编制以来，BBC 的设计已经进行了详细的改进，现已命名为 LS3/5A。"

图 4.4　Rogers 公司（Jim Rogers 时期）1974 年 2 月发布的 LS3/5 彩色宣传册

4.1 第一阶段: Kingswood Warren 研发部版本 LS3/5（A）

LS3/5A 的研发和最终生产分为两个不同的阶段。第一阶段由 BBC 研发部门的声学专家们完成，这一阶段在 Harwood 的领导下，主要目标是实现尽可能最好的声音效果，成本和耐用性被视为次要考虑因素，是一种不妥协的追求；第二阶段则由 BBC 设计部的 Maurice Whatton（莫里斯·沃顿）主导，此阶段的工作涉及对第一阶段设计的修改和妥协，以确保产品足够坚固耐用，并且能够以合理的成本进行大规模生产，即使这样做可能会导致保真度略有降低。因此，尽管这两个阶段的产品都能实现出色的声音重现，但第一阶段的产品更注重声音的最佳呈现，而第二阶段的产品则更注重经济性和实用性。

研发部门制作了少量第一阶段的样品，用作内部参考，部分内部工作人员也展现出了异常的热情，

自行购买组件来为自己制作 LS3/5（A），并对其进行微调以获得最佳性能。这些音箱因来源于 BBC 研发部，并且没有包含后来由 BBC 设计部引入的修改，因此被称为 Kingswood Warren LS3/5（A）。Jim Finnie（吉姆·芬尼），前 BBC 研发部工程师，坚称这些是最佳的 LS3/5（A）版本，它们是在没有任何约束的情况下制作的，组件需要经过繁重的人工挑选。KEF 的高音单元和低音单元也需精挑细选，大约 96% 的 KEF T27 高音单元被拒绝使用，分频器则包含更少的组件。如果 Kingswood Warren LS3/5（A）投入量产，这样严格的公差要求将成为一个巨大的挑战。

根据 Jim Finnie 的说法，Kingswood Warren LS3/5（A）的制作数量相当有限，不超过 12 对。Jim Finnie 本人就是当年购买组件并制作 Kingswood Warren LS3/5（A）的工作人员之一。在 Spencer 的协助下，Jim Finnie 制造了 2 对。我非常幸运地收藏了其中一对（见图 4.5），这对

图 4.5　Jim Finnie（吉姆·芬尼）在 BBC 任职期间制作的 Kingswood Warren LS3/5（A）

Kingswood Warren LS3/5（A）在 LS3/5A 非官方网站上被 Paul Whatton 高度赞扬。图 4.6 展示了 Kingswood Warren LS3/5（A）的内部结构，所有组件都经过了严格的挑选。Jim Finnie 提到，制作团队有时会因为更换扬声器单元可能导致频率响应发生 1~2dB 变化而争论一个星期。Jim Finnie 拥有数学和物理学博士学位，在 20 世纪 70 年代曾在位于 Kingswood Warren 的 BBC 研发部工作，多年来，我与 Jim Finnie 保持着良好的交流。

　　另一位前 BBC 员工，Mike Buckley（迈克·巴克利），也为自己制作了 Kingswood Warren LS3/5（A），如图 4.7 所示。他还拥有更早期的版本，这些版本使用的是 B110（A6362）和 T27（A6340）。如今，这些珍贵的音箱由他的儿子 Jerry Buckley（杰里·巴克利）保管。

图 4.6　Kingswood Warren LS3/5（A）内部

图 4.7　Mike Buckley 在 BBC 任职期间制作的 Kingswood Warren LS3/5（A）

Kingswood Warren LS3/5（A）的分频器电路图如图 4.8 所示。值得注意的是，多抽头电感 L_3 的馈出位置选在了第 2 抽头，并且高通部分没有包含后来引入的 CR 共轭电路。正如前文所述，这个版本对驱动单元的选择有着相当严格的要求。为了避免非法复制，组件的具体参数被隐去。图 4.9 和图 4.10 分别展示了 Kingswood Warren LS3/5（A）的轴上频率响应曲线和阻抗幅值曲线，进一步证明了其独特的声学性能。

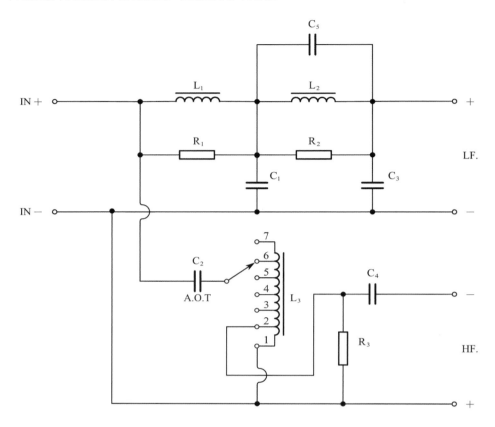

图 4.8　Kingswood Warren LS3/5（A）FL6/23 分频器电路图

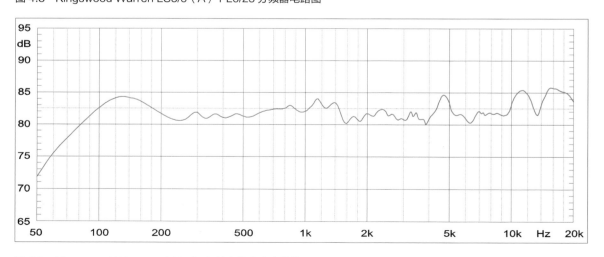

图 4.9　Kingswood Warren LS3/5（A）轴上频率响应曲线

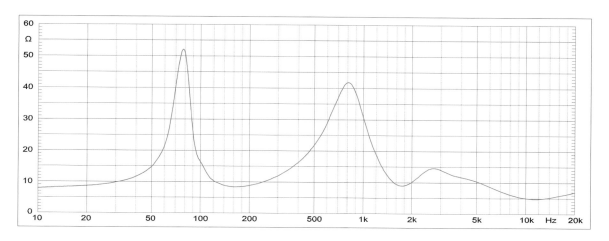

图 4.10　Kingswood Warren LS3/5（A）阻抗幅值曲线

以下内容如实地摘录了 Jim Finnie 出售 Kingswood Warren LS3/5（A）（简称 KW LS3/5A）时的说明（译文）。

KW LS3/5A 是所有 LS3/5A 中最早、最稀有和声音最好的。

1. 最早

KW LS3/5A 音箱在 1974 年中后期或 1975 年初生产，早于 Rogers 和 Chartwell 等公司生产的第一批产品。

2. 最稀有

曾经制造的数量可能不超过 12 对。我有 2 对，我知道还有一对可能仍然存在，其他的几乎可以肯定都遗失了。我认为这是第一对出现在公开市场上出售的 KW LS3/5A。

3. 声音最好

正在出售的这一对在"非官方的 LS3/5A 支持网站"的"历史 /Kingswood Warren"页面中有详细描述，在此引述 Paul Whatton 于 2001 年底拜访我之后的评价："它们可以被认为是顶级的 LS3/5A，因为它们来自 BBC 研发部，不包含后来由 BBC 设计部提出的修改……我已经听过这对 KW LS3/5A，很确认它们绝对是一流的。"

20 世纪 70 年代，我在位于 Kingswood Warren 的 BBC 研发部工作，那时恰好处于 LS3/5A 的研发阶段，此处出售的这对 KW LS3/5A 是当年制造的，箱体由当时 BBC 常驻木匠制作，装配由专家级别技术人员和工程师完成，最终的消声室测试由 Spencer Hughes（Spendor 公司的创始人）帮助我完成。它们代表着对当时详尽的 KW LS3/5A 规范最忠实的遵循。

它们得到了相当精细的照顾，考虑到它们的年龄，可以说仍处于极佳状态。

如下包含了一些简短的问答，解释了为什么这些音箱是特别的。此外，在互联网上搜索"KW LS3/5A"会获取到更多有用的信息。

如果中标人不是英国居民，我们需要通过信件相互确认使用哪家快递和服务。

祝竞拍愉快！

4. 一些问题和答案

问："KW"是什么含义？

答：LS3/5A 的研发是 20 世纪 70 年代在 BBC 研发部进行的，研发部位于英国萨里郡的 Kingswood Warren（简称"KW"）。KW LS3/5A 都是在 Kingswood Warren 内部纯手工建造。

问：为什么 KW LS3/5A 被认为是顶级的 LS3/5A？

答：LS3/5A 的研发和最终生产可分为两个不同的阶段。

第一阶段，由 BBC 研发部世界著名的声学专家们（由 Harwood 主导，后来成立 Harbeth 公司）完成，目标是使用 KEF B110 和 T27 单元及一个小箱体获得尽可能最好的声音质量。在这个过程中，成本和实用性被视为次要因素，主要追求的是音质的极致表现。

第二阶段，由 BBC 设计部（由 Maurice Whatton 主导）完成，主要涉及对第一阶段设计的修改和妥协，目的是确保产品足够坚固耐用并适合日常使用，同时，这些调整也旨在使产品能够以合理的成本进行大规模生产。尽管这样的调整可能会导致保真度略有下降，但这是为了满足生产和使用上的实际需求所做出的必要妥协。

所以，尽管这两个阶段的产品都能实现出色的声音还原，但第一阶段的目标是追求最佳的声音表现，第二阶段则着重于经济性和实用性。KW LS3/5A 属于第一阶段的不妥协产品，它代表了在成本和耐用性考虑之外的最佳声音追求。

问：制造了多少 KW LS3/5A？

答：相当少，主要是因为需要投入大量劳动，我猜测大概总共有 6~12 对。我有 2 对，我知道另一对可能幸存了下来，其他的可能都遗失了，在过去的 20 年里，我没有察觉到有任何 KW LS3/5A 待售的信息！

问：KW LS3/5A 与批量生产 LS3/5A 之间的主要区别是什么？

答：KW LS3/5A 使用薄壁可拆卸背板的箱体，高音单元和低音单元规格极高，是专门为 BBC 挑选的。分频器纯手工制作，通过精心选择的元件进行调整，每个元件在安装之前都经过精密电桥测量并标记数值（你可以在照片中看到单个元件上的数值标签），还有其他细微而巧妙的差异，所有这些加起来都改善了声音再现。

问：那么，为什么 KW LS3/5A 没有投入大规模批量生产呢？

答：如前所述，需要投入大量劳动，而且 KEF 驱动单元被严格挑选，约 96% 的 KEF T27 高音单元被拒绝！此外，对于日常使用来说，薄壁箱体被认为是不够坚固的，而且可拆卸背板的制造成本很高。有趣的是，最近生产的高级别 LS3/5A 使用了薄壁箱体和可拆卸背板，证实了第一阶段设计的 KW LS3/5A 的合理之处！

问：照片显示的 T27 没有金属保护罩，为什么会这样？

答：为了提高批量生产 LS3/5A 的坚固性，在第二阶段设计中引入了金属保护罩，我认为增加金属保护罩会导致大约 1dB 的高频响应提升，最初的 KW LS3/5A 规范不包括保护罩，所以我从来没有安装过它，因为我希望尽可能地保持忠于第一阶段的设计规范。

4.2　第二阶段：设计部 LS3/5A

驱动单元苛刻的公差要求对于批量生产构成了显著的障碍，因此 BBC 随后将开发任务交给了位于 Great Portland Street 的设计部，以求对其进行必要的改进，使之满足批量生产的要求。设计部在研发部版本的基础上修改了一些组件参数，并引入了高通 CR 共轭电路，这样的调整使得对高音单元和低音单元的选择具有稍微宽泛的包容性。随着这些改进，音箱被正式命名为 LS3/5A，增加的"A"后缀在名称中很有必要，因为尽管 LS3/5A 的听感效果与 LS3/5 相似，但二者之间的差异足够大，以至于不能将它们混成一对使用。不过，由于 LS3/5 只生产了很少数量，所以这并不构成太大问题。

我们现在能够见到的所有 15Ω 版本 LS3/5A，几乎全部是第二阶段开发的成果，这一阶段的开发工作由 BBC 设计部的 Maurice Whatton 主导，最终在 1974 年初夏完成。这一过程中出现了一些有趣的事情，目前尚不清楚其中多少是由于驱动单元变化引起的，又有多少是因为有两个不同的团队共同工作而带来的新思路。我个人认为这是一个颇具探讨价值的问题。毕竟，BBC 设计部拥有被誉为"金耳朵"的 Ralph Mills（拉尔夫·米尔斯），这样的评价是有充分理由的！

前 BBC 工程师 John B.Sykes（约翰·B.赛克斯）* 告诉我，Ralph Mills 是 BBC"金耳朵"的精英团队

成员之一，当时大约只有 3 个人享有这样的声誉，处于听力巅峰的是在电台担任质量监督员的 Dave Stripp（戴夫·斯特利普）。John B.Sykes 补充说道："Ralph Mills 向我展示了他是如何仅通过耳朵就能识别音箱是否染色的，在听音室中向一只音箱样本输入粉红噪声，Ralph Mills 会闭着眼睛坐在听音位置上，对应于他从噪声中听到的突然出现的频率，他会吹个口哨，然后说：'你听到了吗？不，这恐怕不对。'关于频率响应，Ralph Mills 的说法是当涉及较宽的频率范围时，电平差异所带来的听觉差异最为明显，比如相对于低音单元设置高音单元的电平，1dB 的差异是相当清晰可见的。"

*John B.Sykes 于 1972 年从帝国理工学院毕业之后加入了 BBC 设计部，实习期间他在不同的专业部门工作了大约 6 个月，他的第三个委派是在声音部门，为 Ralph Mills 工作。

Ralph Mills 因其异常敏锐的听力而被誉为"金耳朵"。他定期测试商业生产的 LS3/5A，以确保它们的声音保持准确。即便是制造商改变一个部件，哪怕是改变箱体使用的木材类型，也可能影响声音的准确性，而 Ralph Mills 总能准确地判断出 1dB 的声音差异。他坚信 LS3/5A 应该能够重现人们在音乐厅中的听觉体验。通过与 BBC 研发部门工程师的密切合作，他进一步提升了 LS3/5A 的性能。图 4.11 是正在工作中的"金耳朵"工程师 Ralph Mills。

图 4.11　工作中的"金耳朵"工程师 Ralph Mills

Maurice Whatton 的背景是电子工程师，音频领域对他而言是一个全新的探索，这为团队带来了全新的视角。无论"金耳朵"Ralph Mills 还是"电子工程师"Maurice Whatton 用哪种方式发挥了作用，很明显，从今天的角度看，LS3/5A 取得了巨大的成功。新老许可生产商共销售了超过 10 万对 LS3/5A，使其成为历史上最成功的小型音箱。在这一过程中，Ralph Mills 和 Maurice Whatton 无疑发挥了至关重要的作用。

LS3/5A 在设计部开发过程中的一些变化包括：

（1）B110 的盆架边缘增加了橡胶条，避免盆架与前障板直接接触；

（2）固定障板的实木方条材料从巴拉那松替换为山毛榉，从而避免可以听到的音染；

（3）高音单元周围添加了厚羊毛毡条，防止箱体边缘的二次反射；

（4）高音单元上增加了来自 Celestion HF2000 的金属保护罩，既防止高音单元受到外界撞击损害，也提升了 10kHz 以上的频率响应约 1~2dB，这被认为是有益的改进；

（5）箱板材质确定为桦木，厚度从 9mm 增加到 12mm；

（6）后背板的固定方式从螺丝固定的可拆卸方式改为用胶粘方式固定在箱体上；

（7）分频器上增加了高通 CR 共轭电路，其他元件的参数也进行了调整。

图 4.12 是由 Maurice Whatton 亲手制作的编号为 No.1 和 No.2 的设计部 LS3/5A，这被认为是世界上第一对最终定型的 LS3/5A。但它们与最终的量产版本相比仍有所差异，使用了背板可拆卸的 9mm 箱体。Maurice Whatton 去世后，这对 LS3/5A 由他的儿子 Paul Whatton（保罗·沃顿）留存至今。

图 4.13 和图 4.14 分别是 BBC 设计部 LS3/5A FL6/23 分频器实物和 Audiomaster 公司 20 世纪 80 年代初期生产的 LS3/5A FL6/23 分频器实物。

图 4.15~ 图 4.18 分别是 BBC 设计部 LS3/5A 的 FL6/23 分频器电路图、典型的轴上频率响应曲线、典型的阻抗幅值曲线和典型的电压幅值曲线。

图 4.12　编号为 No.1 和 No.2 的设计部 LS3/5A

图 4.13　BBC 设计部 LS3/5A FL6/23 分频器实物

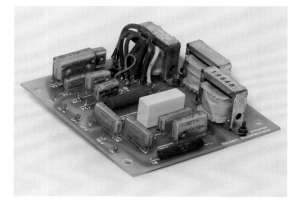

图 4.14　Audiomaster 公司 20 世纪 80 年代初期生产的 LS3/5A FL6/23 分频器实物

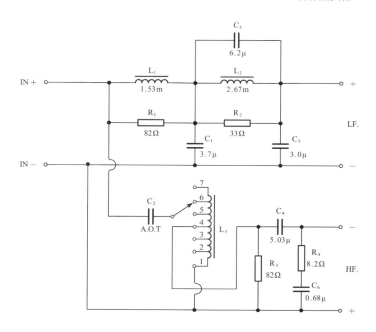

图 4.15　设计部 LS3/5A FL6/23 分频器电路图

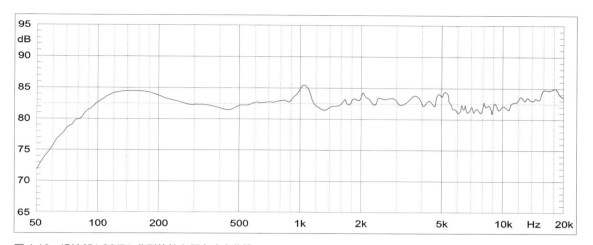

图 4.16 设计部 LS3/5A 典型的轴上频率响应曲线

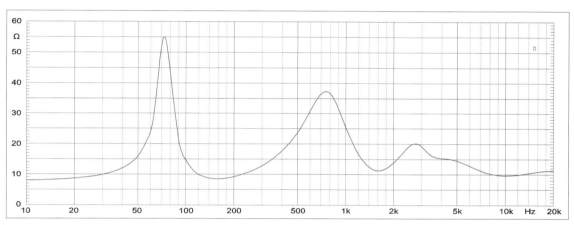

图 4.17 设计部 LS3/5A 典型的阻抗幅值曲线

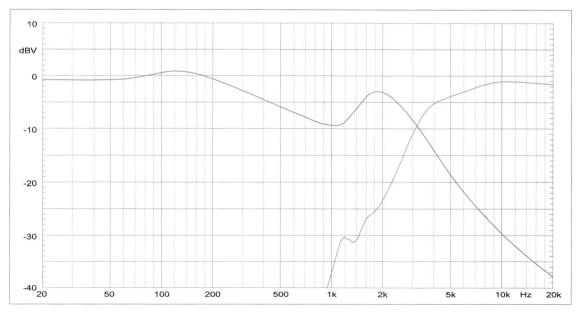

图 4.18 设计部 LS3/5A 典型的电压幅值曲线

4.3 BBC 工程部制造的 LS3/5A

当 LS3/5A 的设计最终定型后，首先由位于 Chiswick 的 BBC 工程部进行了小批量生产，以供 BBC 内部使用。这批音箱的外观具有一些鲜明的特征：网罩上装饰有"BBC"铭牌，背板采用柚木饰面，铝制背标上印有"LS 3/5A/xxx LOUDSPEAKER OB."字样，配备 XLR 接口。打开箱体，可以看到其内部蔚为壮观的分频器、BBC 专用的可微调电感器、高精度轴向薄膜电容器和 ERG 高精度电阻器，这样的组件配置是相当奢侈而昂贵的，因此在所有外部许可制造商的产品中从未出现过。

BBC 工程部制造的 LS3/5A，如图 4.19 和图 4.20 所示，仅在 1974 年下半年制造了非常少的数量。按照 BBC 前工程师 Nick Cutmore 的说法，工程部从 101 开始编号，目前可以考证的最大编号是 113。我猜测总数量可能不超过 20 对。半个多世纪后的今天，这些音箱的存世量已极为稀少。经过将近 20 年的耐心寻找，我终于在 2022 年 8 月从一位前 BBC 员工那里获得了一对，编号为 105&107。我还知道国内有位发烧友拥有一对 BBC 制造的 LS3/5A，编号为 112&113。

我认真测量了自己这一对音箱，发现两只音箱的频率响应仍在标准范围内，且几乎完全重叠，这表明它们制造得非常精细。我还将这对音箱与我收藏的其他各版本 LS3/5A 进行了仔细的听音对比，发现它的声音相当通透平衡、声场宏大、立体声定

图 4.19　BBC 工程部制造的 LS3/5A 实物

图 4.20　BBC 工程部制造的 LS3/5A 内部，分频器组件延续 BBC 独有的豪华配置

位精准，且具有很好的纵深感。无疑，这个版本的产品极具使用和收藏价值。

4.4　交响曲计划

同在 1974 年中期，LS3/5A 的设计刚刚定型之后不久，BBC 内部的一小部分爱好者组成了一个团队，成员主要来自研发部、设计部、工程信息部和传输部，他们的目标是为个人使用制造一些"LS3/5A"。这个项目由 BBC 工程信息部的 Geoffrey Goodship（杰弗里·古德希普）负责协调，他将这项活动命名为"交响曲计划"，其想法是购买必要的材料并制作出套件以供组装。但很快他们就发现这是一个巨大的挑战，尤其是变压器电感和箱体的制作，因此项目进展非常缓慢。

1974 年末，当工程总监 Jimmy Redmond（吉米·雷德蒙）得知"交响曲计划"活动后，他认为应该将这个机会扩大到所有 BBC 员工，让他们都有机会购买组装套件。因此，他指派 Geoffrey Goodship 继续负责协调这项工作。BBC 内部对这些 DIY 套件的需求非常大，这让可怜的 Geoffrey Goodship 面临着安排大量套件的艰巨任务，相当头疼。此时，David W. Stebbings（大卫·W.斯特宾斯，Chartwell 公司的创始人）主动提出让刚成立不久的 Chartwell 公司提供箱体、分频器和驱动单元，从而使 BBC 员工能够组装自己的音箱。

1974 年 12 月 3 日，Geoffrey Goodship 向所有 BBC 员工发送了一份备忘录，邀请他们订购首批 LS3/5A 组装套件，订购截止日期定在 1975 年 1 月下旬。这些套件和 Chartwell 获得许可后生产的第一对正式 LS3/5A 大约在 1975 年 4 月同时出现。在 1975 年上半年，相当多的 BBC 员工在取得 Chartwell 提供的套件后，利用晚上或周末的时间，组装属于自己的"LS3/5A"。

Chartwell 向 BBC 员工提供的"交响曲计划"

套件一直持续到 1976 年末，这些套件从未对 BBC 之外的公众开放。然而，一些 BBC 工作人员代表他们的朋友购买了许多套件，售价为每对 100 英镑加上购置税，这个价格比当时市面上的 LS3/5A 便宜得多。

这些带有 Chartwell"血统"的"交响曲计划"，在国内相当受推崇。它们的一个显著特点是，箱体背板上没有背标，取而代之的是接线柱下方贴有一块小标签，上面写着"CHARTWELL ELECTRO ACOUSTICS LTD. ALRIC AVENUE LONDON NW10 8RA 01-451-1442"的字样，如图 4.21 所示。需要提醒的是：Chartwell 的"交响曲计划"中绝大多数产品是缺乏质量监管的非专业组装产物，没有经过测量和精确匹配。基于我的经验，建议尽量远离这些产品。

前 Rogers 公司总经理 Brian Pook（布雷恩·普克）在他的回忆录中对"交响曲计划"进行了尖锐批评："Chartwell 通过向 BBC 员工出售 LS3/5A 套件的方式开始生产，这令我们感到厌恶。我们从丰富的生产经验中知道，如果不对驱动单元进行精选以及没有经过经验丰富的人员校准和调整，性能将受到损害。BBC 怎么会允许这种违反 LS3/5A 生产规范的行为呢？"

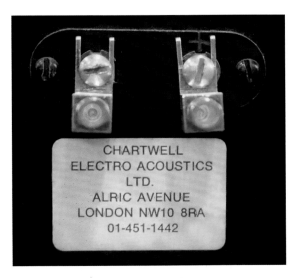

图 4.21　Chartwell"交响曲计划"背标

图 4.22 展示了用于组装"LS3/5A"的 Chartwell"交响曲计划"的套件，而图 4.23 则展示了组装完成后的成品。

图 4.22 用于组装"LS3/5A"的 Chartwell"交响曲计划"套件

图 4.23 Chartwell"交响曲计划"组装完成后的成品

4.5 历史上取得许可的制造商

几十年来，许多制造商获得了制造 LS3/5A 的许可。表 4.1 是按照开始制造时间顺序排列的，列出了历史上获得许可的各个制造商，以及它们的制造数量——这些数量只是大致的估算。

表 4.1 历史上取得许可的制造商统计表

制造商	开始时间	终止时间	注释	大致制造数量（对）
Rogers	1975	1998	首个取得生产许可的制造商，也是产量最大的制造商，参与了包括最初的 LS3/5（不带 A）在内的所有版本原型产品的生产。1976 年之后，Rogers 仅仅是一个品牌名称，其背后的实际控制公司是 Swissstone。1993 年，Swissstone 被香港和记行收购。	60 000
Chartwell	1975	1978	1978 年，Swissstone 收购了 Chartwell，并继续使用"Chartwell"品牌生产了一段时间。在这一时期生产的产品编号以"SC"开头。	4 500
Audiomaster	1976	1981	Audiomaster 在 1975 年成立，由 Robin Marshall（罗宾·马歇尔）担任总经理。1976 年 4 月，Audiomaster 推出了 LS3/5A。	2 000
RAM	1979	1983	在 Chartwell 停止生产之后，RAM 取得了 BBC 的生产许可证。然而，RAM 从未公开销售过 LS3/5A，他们在生产线启动之前就破产了。	300
Spendor	1982	1998	Spendor 生产了 15Ω 和 11Ω 版本的 LS3/5A。15Ω 版本通过严格选择驱动单元，取消了复杂的多抽头自耦变压器。	11 000
Goodmans	1984	1985	分频器由 Falcon Acoustics 提供，他们只制造了 15Ω 版本的 LS3/5A。	2 000
Harbeth	1987	1998	Harwood 最初在 1977 年取得了生产许可证，但直到 1986 年将公司出售给 Alan Shaw（艾伦·肖）之前，他们并没有制造过 LS3/5A。Alan Shaw 接手公司后，开始制造 11Ω 版本的 LS3/5A。	7 000
KEF	1993	1998	该制造商仅生产了 11Ω 版本的 LS3/5A，并从 1988 年开始，作为唯一供应商向其他授权制造商提供扬声器单元和分频器套件。	4 000
Richard Allan	2002	未知	在 KEF 停止供应扬声器单元之后，该制造商取得了生产许可证，并制造了少量的 11Ω 版本。	未知

许可制造商的简史可以在第 10 章中找到，那里收录了一些其他有趣的故事。

4.6 当前取得许可的制造商

1998 年，由于 KEF 停止供应驱动单元，LS3/5A 的生产被迫中止，这标志着一个时代的结束。然而，这种状况并未持续太久。Stirling Broadcast 迅速地从 Rogers 手中购买了剩余的库存进行销售，并随后取得了 BBC 的制造许可。他们委托 KEF 为其专门制造了一批驱动单元，以便继续生产 LS3/5A。

然而，KEF 对制造历史悠久的 LS3/5A 驱动单元并不十分热衷。为了摆脱对 KEF 驱动单元的依赖，Stirling Broadcast 委托 Derek Hughes（德里克·休斯，Spendor 创始人 Spencer Hughes 的儿子）设计新版本的 LS3/5A V2。V2 版本采用现代驱动单元，这开辟了一个先例——只要音箱符合最初的 BBC 规格，就可以获得生产许可。

目前，已经取得 BBC 的制造许可并正在生产 LS3/5A 的制造商包括 Stirling Broadcast、Falcon Acoustics、Graham Audio 和 Rogers International UK。这 4 家公司使用的驱动单元都不再是 KEF 生产的原始 B110 和 T27。Falcon Acoustics 声称他们的驱动单元完美复制了原始参数。考虑到 Malcolm Jones 在 KEF 的工作经历，我们有充分的理由相信这种说法。表 4.2 提供了当前许可制造商的统计信息。

表 4.2　当前的许可制造商统计表

制造商	开始时间	终止时间	注释
Stirling	2001	在产	2001~2004 年生产传统的 11Ω LS3/5A。从 2005 年开始，生产 LS3/5A V2 版本，这个版本由 Derek Hughes 设计，不再使用 KEF 单元。
Falcon	2014	在产	Malcolm Jones 重新开发了符合原始规格的 B110 和 T27 单元，并按照原始规格重新生产 15Ω 版本的 LS3/5A。
Graham	2015	在产	由 Derek Hughes 设计，不再使用 KEF 单元。
Rogers	2008	在产	香港和记行接管 Rogers 品牌后，间歇性地生产 LS3/5A。

4.7　扬声器单元的外观变化

4.7.1　KEF T27（SP1032）的外观特征演变

　　表 4.3 是我统计的 KEF T27（SP1032）外观特征的演变规律，这些变化是由 KEF 的生产工艺不断改进和变化所导致的。请注意，由于统计样本数量有限，这些数据仅供参考，不能保证绝对准确。

表 4.3　KEF T27（SP1032）的外观特征演变

正面基本特征	生产日期	对应 Rogers LS3/5A 编号大致范围
蓝黑引线，白色垫圈	1972-01~1977-10	铝背标 001~SO3200
蓝黑引线，黑色垫圈	1977-11~1978-12	SO3200~SO12000
白黑引线 *，黑色垫圈	1979-01~1980-03	SO7000~SO12000
黑黑引线，黑色垫圈	1980-03~1998-05（停产）	SO12000~051000

背面基本特征	生产日期	对应 Rogers LS3/5A 编号大致范围
中心十字螺丝	1972-01~1975-02	铝背标 001~1000
中心锯齿型	1975-02~1976-12	铝背标 1001~SO1300
中心圆环型	1976-12~1980-03	SO1301~SO11000
中心无标识	1980-03~1998-05（停产）	SO11001~051000

* 此时期多数仍是蓝黑引线，随机存在白黑引线或白白引线的情况。

　　KEF T27（SP1032）正面外观特征演变如图 4.24 所示。

图 4.24　KEF T27（SP1032）外观特征演变

4.7.2　KEF B110（SP1003）的外观特征演变

表 4.4 是我统计的 KEF B110（SP1003）的外观特征演变规律，这些变化是由 KEF 的生产工艺不断改进和变化导致的。请注意，由于统计样本数量有限，这些数据仅供参考，不能保证绝对准确。

B110（SP1003）锥盆的基本特征经历了多次演变，如图 4.25 所示。上左图展示的防尘帽两侧带引线的设计是 1974 年 7 月之前的产品特征，这种设计仅在早期的 Rogers 大金牌音箱中使用过；上

中图和上右图展示的是 1974 年 7 月至 1981 年 12 月期间的产品，这一时期的锥盆大多为黑色，但由于生产时受环境湿度的影响，也会随机出现绿色或墨绿色的情况；下左图和下中图是 1982 年 1 月至 1987 年 11 月期间所生产的"白肚脐"产品，这种设计通过改变防尘帽的涂层配方和配重来抑制因折环效应带来的频率响应下沉对应的频率移动，最初"白肚脐"不太显眼，但随时间推移变得越来越明显；下右图是 B110（SP1228），当"白肚脐"因为良品率低到无法维持正常生产时，KEF 重新开发了 B110（SP1228）用于 11Ω 版本的 LS3/5A。

表 4.4　KEF B110（SP1003）的外观特征演变

正面基本特征	生产日期	对应 Rogers LS3/5A 编号大致范围
防尘帽两侧带引线	1971-02~1974-07	铝背标 001~050
黑色或墨绿色锥盆	1974-01~1981-12	铝背标 051~SO17000
白肚脐	1982-01~1987-11（停产）	SO17000~31000
背面基本特征	生产日期	对应 Rogers LS3/5A 编号大致范围
白色盆架	1971-02~1974-07	铝背标 001~050
黑色盆架	1974-08~1987-11	铝背标 051~ 31000
三颗螺丝	1971-02~1971-12	未被使用（在 LS3/5A 开发之前）
中心十字形	1972-01~1975-06	铝背标 001~1000
中心圆环形	1975-07~1981-12	铝背标 1001~SO17000
中心凹锥形	1982-01~1984-05	SO17000~SO22500
中心无标识	1984-05~1987-11（停产）	SO22500~ 031000
SP1003 改为 SP1228	1987-11~1998-05（停产）	031000~051000

图 4.25　B110（SP1003）锥盆基本特征演变

4.7.3 1974~1998 年 Rogers LS3/5A 铭牌变化

表 4.5 给出了 1974~1998 年 Rogers LS3/5A 铭牌的变化，前 Rogers 董事长 Michael O'Brien（迈克尔·奥布莱恩）告诉我，这是 LS3/5A 的生产时间跨度很长，其间 Rogers 的铭牌经历了几次变化导致的，铭牌的变化与音箱的品质好坏无关。

表 4.5　1974~1998 年 Rogers LS3/5A 铭牌变化

铭牌基本特征	生产日期	对应 Rogers LS3/5A 编号大致范围
大金牌	1974-12~1975-12	铝背标 001~500
小金牌	1976-01~1978-01	铝背标 501~SO3268
黑牌	1978-01~1981-11	SO3269~SO16182
白牌	1981-12~1986-02	SO16183~SO25290
字母牌（小字号）	1986-02~1989-11	SO25291~036029
字母牌（大字号）	1989-12~1998-05	036030~050948

4.8　KEF B110（SP1003）的问题

4.8.1　特别选择

在最初开发 LS3/5A 的过程中，BBC 测量了大约 24 只 KEF B110（SP1003）单元，从中选择了频率响应最平坦的单元之一（编号 10）作为参考标准。他们并没有选择基于测量样本平均频率响应进行设计，因此适用于 LS3/5A 的 B110（SP1003）单元是经过特别挑选的。遗憾的是，被选中的符合规格的单元恰好处于 KEF 生产规格的一端，这意味着许多其他方面性能非常好的 B110（SP1003）单元并不适用于 LS3/5A。

图 4.26 展示了符合 LS3/5A 规范的 B110（SP1003）频率响应曲线的典型例子，在 80~2000Hz 的频率范围内，频率响应保持在 ±3dB 以内，过渡带的滚降也相当平滑。相比之下，图 4.27 展示了不符合 LS3/5A 规范的 B110（SP1003）频率响应曲线的典型例子，其中 1kHz 附近的频率响应高出约 2dB。

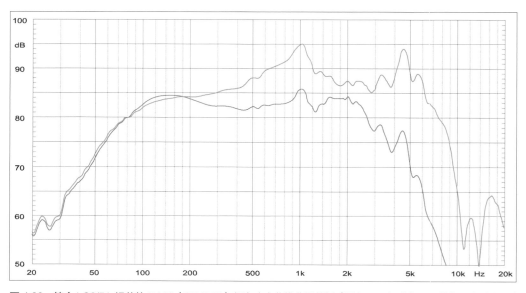

图 4.26　符合 LS3/5A 规范的 B110（SP1003）频率响应曲线典型范例（绿色：不加分频器，紫色：加分频器）

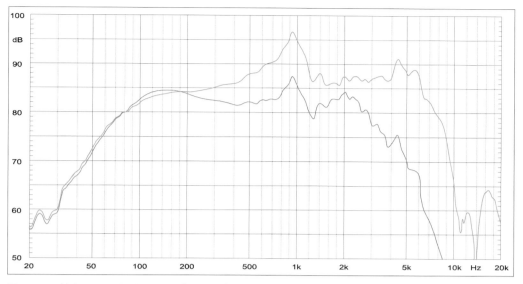

图 4.27 不符合 LS3/5A 规范的 B110（SP1003）频率响应曲线典型范例（绿色：不加分频器，紫色：加分频器）

4.8.2 Bextrene 材料变化

在多年生产 B110（SP1003）单元的过程中，由于各种原因，B110（SP1003）的一致性出现差异，其中最主要的原因是 KEF 采购的 Bextrene 原材料发生了变化。KEF 每次采购 0.5 吨左右的原材料，而每个批次的材料都可能会出现一些变化。随着时间的推移，Bextrene 的性能越来越偏离最初的标准。当 KEF 向供应商提出抗议时，通常收到的回复是："汽车行业的大客户没有认为材料的变化带来使用上的影响！"相较于汽车行业每周使用的吨级数量，KEF 是如此小的用户，几乎无法对供应商施加任何约束力。

4.8.3 折环材料变化

另一个严重问题源于氯丁橡胶折环材料的变化，在 20 世纪 80 年代初期发现折环效应带来的频率响应下沉对应的频率略有移动。改变防尘帽涂层配方（改变成"白肚脐"，如图 4.28 所示），并适当调整分频器低通陷波网络的谐振频率及改变电阻数值后，这个问题得到了解决。然而，随着时间的推移，这种情况变得越来越糟糕。到了 1987 年底，B110

图 4.28 "白肚脐"版本 B110（SP1003）

（SP1003）单元的性能正接近可接受的极限。人们注意到 LS3/5A 在 1.5kHz 附近的频率响应高出约 +2dB，这是一个特别关键的平衡区域。LS3/5A 在这里总是有轻微的提升，但现在开始变得令人反感。问题的核心还是折环效应带来的频率响应下沉频率移动了大约 200Hz，进一步调整陷波器已无法解决问题，反而会导致该频率处的箱体谐振增强。因此，不得不做出重大改变，以便制造出 BBC 认可的一致性良好的 LS3/5A。最终，KEF 开发了 B110

（SP1228）以替换无以为继的 B110（SP1003），由此诞生了 11Ω 版本的 LS3/5A。

B110（SP1003）在 1kHz 区域的峰值始终存在，这一问题在最初的设计中通过分频器陷波网络解决。然而，分频器这部分设计是固定的，这意味着不同时期生产的 B110（SP1003）单元在这一峰值处会有不同的频率响应特性，且随时间推移，这一峰值可能会变得更加显著。峰值的大小受到多种因素的影响，包括 Bextrene 材料的批次、Plastiflex 涂层，以及氯丁橡胶折环材料的变化等。为了适应这些生产材料的变化，BBC 偶尔会发布一些小的设计调整，通常以分频器组件值变化的形式出现，以适应这些变化所带来的影响。

表 4.6 列出了 BBC 规范的变更，以补偿 B110（SP1003）频率响应的变化。

表 4.6　BBC 规范的变更

分频器组件	原始设计（1974.10）	第一次变更（1980.04）	第二次变更（1982.05）
C_5	6.2μF（4.7+1.5）	8.3μF（6.8+1.5）&（4.7+3.3+0.33）	10μF（4.7+4.7+0.68）
R_2	33Ω	33Ω	22Ω
谐振频率	1237Hz	1069Hz	974Hz

4.8.4　废品率

虽然大多数 B110（SP1003）单元符合 KEF 的标准，但是基于 LS3/5A 的特殊设计要求，这些单元恰好在听觉最敏感的频率位置表现出了容差的最大变化。在炎热的夏天，废品率可能在 10%~85% 波动，即使是最早期的产品废品率也高达 30%，并且随着生产的进行，这一比率还会不断增加。更令人头疼的是，这些问题直到音箱组装完成并进行测试之后才会显现，这极大地增加了 LS3/5A 的制作难度和生产成本。

4.8.5　1976 年底的 B110

在全面考察 Rogers 和 Chartwell 的 LS3/5A 过程中，我有一个有趣的发现——很大一部分使用了 1976 年 10 月 ~12 月出厂的 B110（SP1003）单元的 LS3/5A，其分频器组件与原始设计有较大出入，这主要涉及 R_1、C_1、C_3、C_5、C_2 的变化。频响测量显示，这些组件的变化使得频率响应轮廓与参考标准音箱基本保持了一致。这似乎表明，此时期的一部分 B110（SP1003）单元可能不完全符合 BBC 规范，但 BBC 还是许可了这些产品的公开销售。目前没有任何资料对此进行过描述，形成了一个有趣的谜团。

我将一对这个时期的 Chartwell LS3/5A 与 Chartwell No. 7&36（作为参考标准的 LS3/5A）进行了主观听感对比。结果显示，这个时期的这对 Chartwell LS3/5A 在整体均衡度上略显不足，中频稍微单薄，而高频稍微有些刺耳。需要说明的是，这一对比仅基于这个时期的一个样本进行，无法证明所有同时期产品普通存在这样的表现。

图 4.29 展示了 Rogers LS3/5A 非标准分频器组件配置与标准分频器组件配置的对比，其中

图 4.29　Rogers LS3/5A 非标准分频器组件配置（左）与标准分频器组件配置（右）对比，R_1、C_1、C_3、C_5 参数不同

R_1、C_1、C_3、C_5 参数存在差异。图 4.30 则展示了 Chartwell LS3/5A 非标准分频器组件配置与标准分频器组件配置的对比，R_1、C_1、C_2、C_5 参数不同。

图 4.30　Chartwell LS3/5A 非标准分频器组件配置（左）与标准分频器组件配置（右）对比，R_1、C_1、C_2、C_5 参数不同

4.8.6　绿盆

Bextrene 材料的制造商定期对其配方进行细微的改动，B110（SP1003）的锥盆在其整个生命周期中虽然大多数呈现黑色，但由于生产时受到环境湿度的影响，也出现了不少绿色和墨绿色的情况（如图 4.31 所示）。国内许多爱好者对绿色（墨绿色）锥

图 4.31　墨绿色锥盆的 B110（SP1003）单元

盆的单元相当热衷，认为它们可能具有更高水平的性能。我特别慎重地对许多 LS3/5A 样本进行了全面评估，结果发现除了颜色的不同外，并没有发现绿色（墨绿色）和黑色锥盆之间存在任何性能上的差异。

4.8.7　Rogers 的特权

在回忆录中，Rogers 的前总经理 Brian Pook 提到，由于 B110（SP1003）的超高废品率，LS3/5A 的生产变得极不经济。尽管 KEF 同意更换不合格的 B110 单元，但这显然不是一个可长期持续的解决方案。经过谈判，KEF 最终同意为 Rogers 对 B110（SP1003）进行预测试，这样可以最大限度地为 Rogers 提供符合规格的低音单元。这可能是 Rogers 能够成功制造出如此多 LS3/5A 的原因之一。与此同时，同期其他 15Ω 版本的许可制造商似乎没有获得这样的特权。

4.9　高音单元的问题

在多年的生产过程中，由于供应商提供的 T27 振膜原材料发生了改变，"Q"值出现了一些变化，导致频率响应也随之轻微变化，10kHz~20kHz 的频率区域，频率响应有所增加。通过将电感抽头调整到较低的位置并同时增大输入电容 C_2 的数值，可以使整体频率响应更接近参考值。

因此，在 1984 年 4 月，BBC 通知当时的许可制造商，输入电容 C_2 需要增加约 10%，这一调整提高了 5kHz~8kHz 的输出，目的是补偿 T27 在高频尾端频率响应的上升。输入电容 C_2 的变化如表 4.7 所示。

我对 T27 进行了软件模拟，图 4.32 展示了增加输入电容 C_2 的数值和降低 L_3 电感抽头位置对施加到 T27 的电压影响。从模拟结果可以看出，在 10kHz 以下的频率区域，响应轮廓基本保持在原来的水平，而在 10kHz~20kHz 区域，响应显著降低。这样的调整很好地补偿了 T27 在高频尾端响应上升所带来的影响。

表 4.7　输入电容 C_2 的变化　　　　　　　　　　　　　　　　　　　　　　单位：μF

L_3 电感抽头位置	原始 C_{2a}	原始 C_{2b}	更改后 C_{2a}（1984.04）	更改后 C_{2b}（1984.04）
2	3.3	1.5	3.3	2.2
3	3.3	0.22	3.3	0.68
4	2.2	0.47	1.5	1.5
5	1.0	1.0	2.2	0.12
6	1.5	—	1.5	0.22
7	1.0	0.22	0.68	0.68

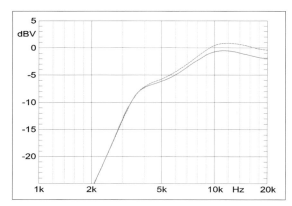

图 4.32　调整输入电容 C_2 数值和降低 L_3 电感抽头位置的 T27 电压曲线（紫色：未调整，红色：已调整）

4.10　11Ω 版本

在 1987 年，专业媒体广泛报道了 LS3/5A 的一次重大重新评估，这一请求是由制造商提出的。Rogers 的 Richard Ross（理查德·罗斯）表示："多年来，虽然能够制造出符合规格的 LS3/5A，其声音和测量都符合规格，并且是可以接受的，但是单元特性一直在公差范围内变化，尤其是低音单元，给我们带来了挑战。由于 LS3/5A 的特殊设计，即使 B110（SP1003）符合 KEF 的生产标准，在 LS3/5A 中使用时，它通常会在最为关键的听觉区域超出规格。在炎热的夏天，低音单元的废品率可能在 10%~85%，这对制造商而言几乎没有任何经济价值，生产 15Ω 版本的 LS3/5A 变得极为困难。"

BBC 将 B110（SP1003）的一致性评估任务委托给了 KEF，问题最终被定位在 B110（SP1003）所使用的氯丁橡胶折环上。自 LS3/5A 问世后的十多年间，供应商提供的不同批次的氯丁橡胶材料一直在

变化，这直接导致了 B110（SP1003）的特性不断发生改变。适合 LS3/5A 规格要求的 B110（SP1003）单元变得越来越少，废品率随之增加。由于无法重新获得十多年前的原始氯丁橡胶材料，而 LS3/5A 的市场需求依旧旺盛，因此，开发一款新的 B110 单元专门用于 LS3/5A 变得十分必要。

KEF 自然而然地承担了开发新 B110 单元的任务，这款新单元被称为 C 版本（B110C），型号为 SP1228。据我所知，SP1228 是专门为 LS3/5A 开发的，与 SP1003 相比，SP1228 有很大不同。SP1228 的涂层被改到了锥盆的背部，折环材料则更换为 PVC，与氯丁橡胶相比，PVC 具有更一致的温度特性，但其顺性较差。因此，需要一个新的弹波组件来为 SP1228 提供与 SP1003 相同的灵敏度和低频性能，标称阻抗从 8Ω 降低到 6Ω。

T27 高音单元在新版 LS3/5A 中被继续使用，它在 LS3/5A 的整个生命周期内并未经历重大变化，并不是经过特别选择的。尽管如此，多年间 T27 振膜材料的轻微改变导致了频率响应的上升（Falcon 明确记录了 1984 年发布的分频器小修改）。因此，1984 年之前的 T27 单元并不太适合应用于 11Ω 版本的 LS3/5A，会导致高频响应不足。在更换高音单元时，需要特别注意这一点。

由于低音单元的变化，BBC 必须重新设计分频器。SP1228 的更高一致性和更平滑的频率响应使得新分频器可以被简化。基于 LS5/9 的成功经验，BBC 没有继续使用昂贵的变压器式电感器，而是转而采用铁氧体磁芯电感器，并将自耦变压器改为电阻梯，以匹配 B110 和 T27 之间的相对灵敏度。这些更改大幅降低了新分频器的制造成本。

由于分频器的这些变化以及低音单元的阻抗略有降低，音箱的标称阻抗从 15Ω 变为 11Ω。新的分频器被命名为 FL6/38（KEF 的编号为 SP2128）。

编号大致在 031201~036500 的 Rogers LS3/5A，尽管使用了旧的 15Ω 背标，实际上是最早期的 11Ω 版本中的一部分，其分频器由 Rogers 自行制作（如图 4.33 左半部分所示）。此后，所有品牌的 LS3/5A 分频器都由 KEF 统一提供（如图 4.33 右半部分所示），并与高音单元和低音单元一起作为完整的套件提供给各制造商。这一做法的采用，是因为当音箱性能不符合规格时，KEF 与其他制造商之间通常会存在分歧，双方往往将问题归咎于对方。通过 KEF 提供配套的驱动单元和分频器，有效解决了这个潜在的冲突源。

图 4.33　Rogers 自行制作的分频器（左），KEF 统一提供的分频器（右）

图 4.34~ 图 4.38 分别展示了 11Ω 版本 LS3/5A 的分频器实物照片、电路原理图、典型轴上频率响应曲线、典型阻抗幅值曲线和典型电压幅值曲线。

尽管发生了众多变化，但它仍然是 LS3/5A，而不是 LS3/5B。BBC 的目标是新的 11Ω 版本应该与原始的 15Ω 版本足够接近，以至于它们甚至可以混合成一对立体声音箱。当然，BBC 并没有采用"立体声配对"的概念，因为他们认为所有 LS3/5A 音箱都应该与原始规格充分匹配，以便在一起使用时能够取得良好的立体声效果。如果这些变化导致了显著的差异，那么这将在 BBC 内部造成各种混乱和不便——例如，当一只音箱出现故障时，可能意味着需要替换一对音箱而不是单独一只，这意味着需要更多的备件库存。

虽然理论上 11Ω 版本和 15Ω 版本应该能够混合使用以形成一对立体声音箱，但在实践中，当我尝试将这两个版本进行立体声配对时，结果总是不尽如人意，尤其是在立体声成像方面。频响测量结果表明，在多数频段上，11Ω 版本和 15Ω 版本的拟合度确实很高，但在高频端，两者表现出完全不同的特征。15Ω 版本在高频顶端总是上扬的，而 11Ω 版本则没有这样的特征。11Ω 版本的频率响应更加平坦，但在听感上，15Ω 版本通常更加生动，这种差异可能与 15Ω 版本使用的 B110（SP1003）单元的高顺性有关。

图 4.34　11Ω 版本 LS3/5A FL6/38 分频器实物，由 KEF 统一制作

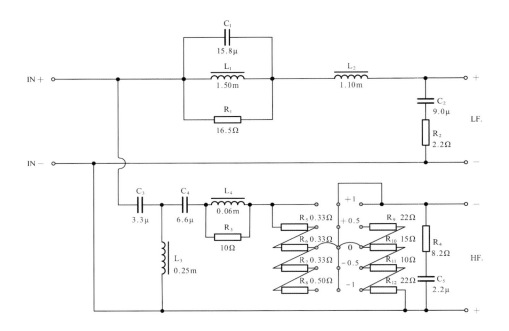

图 4.35　11Ω 版本 LS3/5A 分频器 FL6/38 电路图

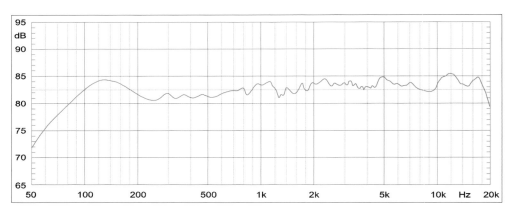

图 4.36　11Ω 版本 LS3/5A 的典型轴上频率响应曲线

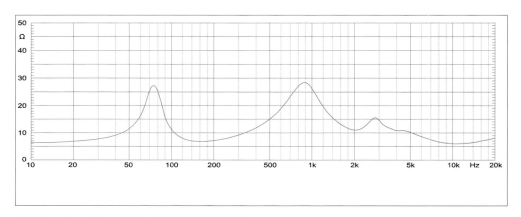

图 4.37　11Ω 版本 LS3/5A 的典型阻抗幅值曲线

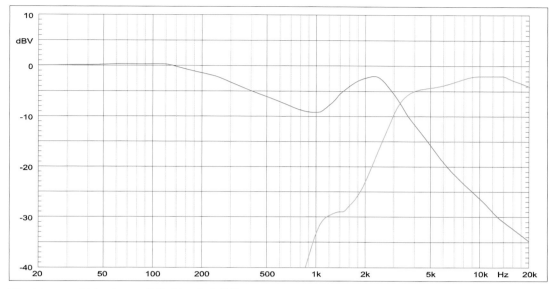

图 4.38　11Ω 版本 LS3/5A 的典型电压幅值曲线

4.11　关于阻抗

15Ω 和 11Ω 的阻抗标称值指的是 LS3/5A 在 20Hz~20kHz 频率范围内的平均阻抗，这意味着 LS3/5A 设计为电压驱动而不是电流驱动。这也表明，具有合理功率水平的电子管放大器对 LS3/5A 来说更加友好。

如果 LS3/5A 是为今天的商业用途而设计的，那么两个版本的阻抗额定值可能都会被标定为大约 8Ω，因为这是低音单元的最低阻抗，而最低阻抗通常出现在大多数音乐能量集中的中低频率上。在放大器驱动方面，相位角并不太重要，因为高相位角出现在低通和高通滤波的交叉处，此处的阻抗较高，因而电流较小。图 4.39 展示了 LS3/5A 15Ω 版本与 11Ω 版本的阻抗幅值曲线对比。

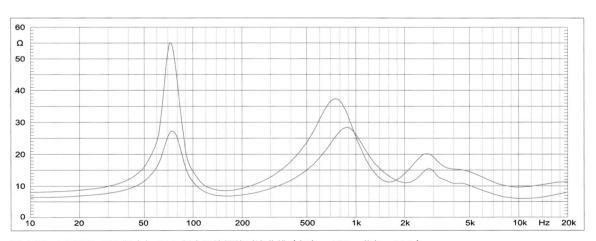

图 4.39　LS3/5A 15Ω 版本与 11Ω 版本阻抗幅值对比曲线（红色：15Ω，紫色：11Ω）

4.12 购买二手 LS3/5A 的注意事项

LS3/5A 在二手市场上的活跃度非常高，几十年来其二手价格一直呈上升趋势，几乎没有其他音箱能够与之相比。某些品牌和某些年份的版本尤其受到追捧，稀缺性也是决定成交价格的重要因素，这不仅令某些版本的 LS3/5A 成为爱好者的追求对象，也使其具备了一定的投资价值。这种情况使得在二手市场上的选择变得更加复杂和纠结。以下是在二手市场上观察到的一些有趣现象。

4.12.1 选择 15Ω 还是 11Ω？

许多人坚信，15Ω 版本才是原始设计的完美体现，凝聚了研发部和设计部最具才华的科学家们的智慧和灵感，后来的 11Ω 版本只是不得已做出的改变，无法复制 15Ω 版本的精髓，因此 11Ω 版本从未纳入他们的选择范围。

一些人坚称，与 15Ω 版本相比，任何品牌的 11Ω 版本在聆听表现上都显得缺少感染力，最为关键的中频区域有明显"鼻音"，透明度也略有不足。

在多年的测试中，我测量了大量的 LS3/5A，总体来看，绝大多数 11Ω 样本的测量指标都相当出色，但是多数 15Ω 样本的测量结果却偏离了原始规格。值得注意的是，所有 15Ω 版本的"年龄"都比11Ω 版本要大，扬声器单元的性能随着时间的推移会有所变化。虽然这些变化通常较小且渐进发生，往往不易被注意到，但对于 LS3/5A 这样在许多领域都十分关键的监听音箱来说，扬声器单元性能的微小变动带来的影响比预期的要大。

价格一直是影响选择的一个关键因素，即便是较晚期的 15Ω 版本也通常比大多数 11Ω 版本（限量版除外）的价格要高很多。在国内，爱好者对15Ω 版本有着更强烈的偏好，如果预算允许，许多人愿意冒险选择 15Ω 版本，而那些更倾向于实用主义的人则可能会选择风险较低的 11Ω 版本。

4.12.2 选择哪个品牌？

尽管理论上所有品牌的 LS3/5A 在声音表现上应该是一致的——这至少是 BBC 的初衷，但实际情况却并非如此。

关于同时期不同品牌产品一致性的评论，早在 1976 年 就 已 经 出 现。Paul Messenger（保罗·梅辛杰）在 1976 年 11 月版的 *Hi-Fi News & Record Review* 杂志上发表了一篇主观声音评价专栏文章，对比了当时正在生产 LS3/5A 的 3 家制造商：Rogers、Chartwell 和 Audiomaster 的产品，并发现了明显的差异。

评估小组得出的结论："Rogers 听起来很平顺，不存在重大缺陷，是作为参考的理想选择；Chartwell 的效率与 Rogers 相似但不够平顺，尤其是高音显得有些粗糙和明亮，并且有证据（使用 HFS75 噪声信号确认）表明中频部分缺失或者匹配不良；Audiomaster 的效率比其他两家的产品低了约 2dB。评估小组认为与 Rogers 相比，Audiomaster 略微缺乏平顺，音染更重一些，与 Chartwell 相反，它的声音更显昏暗（毫无疑问，部分原因是效率较低）"。

这次评估清楚地表明，尽管同为 LS3/5A，各品牌产品在声音表现上并不完全相同。

在 2001 年 6 月版的 *Hi-Fi News & Record Review* 上，Ken Kessler（肯·凯斯勒）发表了另一次有趣的评估报告。Kessler 主持了这次评估，评估小组共有 6 名成员，其中包括 Paul Whatton（保罗·沃顿，LS3/5A 设计师 Maurice Whatton 之子）和 Andy Whittle（安迪·伟图，Rogers 前技术总监）。评估小组一致认为，Paul Whatton 所拥有的 BBC No.1 和 No.2 样本比其他所有样本都要好得多，因此，这个样本没有被纳入评估，而是作为参考标准在评估开始前和中途出场。

评估小组成员根据中低音和高音质量、瞬态表现和结像表现等对每对样本进行评分（1~10 分，10 分最好），排名结果由分数决定，满分是 300 分。

评估结果如下。

1）Harbeth 11Ω（由 Harbeth 的 Alan Shaw 提供）：257.5；

2）Chartwell 交响曲计划 15Ω（由 Paul Whatton 拥有及组装）：243.5；

3）Rogers 喷漆饰面 11Ω（由 Kessler Kollection 提供）：243；

4）Spendor 15Ω（由 Spendor 的 Derek Hughes 提供）：239.5；

5）Spendor 11Ω（由 Kessler Kollection 提供）：233.5；

6）KEF 喷漆饰面 11Ω（由 Kessler Kollection 提供）：233；

7）Rogers 15Ω（由 Nic Poulsen 提供）：230.5；

8）KEF 11Ω（由 Kessler Kollection 提供）：226；

9）Audiomaster 15Ω（由网友 Deng Zhuo 提供）：217；

10）Rogers 11Ω（由 Kessler Kollection 提供）：212.5；

11）Rogers 11Ω XLR（由 Andy Whittle 提供）：197。

本次评估的目的在于识别出哪款商业生产的 LS3/5A 最接近 BBC No.1 和 No.2，从某种程度上说，这项评估并不直接反映个人喜好。然而，它进一步证实了不同品牌和不同时间生产的 LS3/5A 产品之间，确实存在着声音表现上的差异。

需要进一步强调的是，这种主观声音水平的评估仅基于各制造商的有限样本，不具有统计学上的普遍性。因此，这些评估并不能绝对地代表某个品牌或某个时期的产品比其他品牌或时期的产品更优秀。

我们还必须了解制造商如何进行质量控制。当时，测量音箱需要昂贵的专用设备和房间。在我的测试中，我观察到某些品牌的频率响应显示出某些特定趋势，这可能更多地归因于测量差异，而非扬声器单元的变化或老化，这些发现与音频论坛上普遍的主观观点高度一致。

对于年代久远的 15Ω 版本，从技术角度讲，Rogers 可能是最佳的选择，因为他们与 KEF 达成了一项"秘密协议"，可以获得预先测量的 B110 单元。

其他制造商可能未能获得此类优待，因此可能需要自行测量收到的所有 B110 单元，以筛选出其中的合格品。这一过程可能导致大量 B110 被拒绝使用。然而，我未能找到证据证明这种情况确实发生过。

到了后来的 11Ω 版本时期，扬声器单元和分频器开始由 KEF 以套件形式统一提供。除了箱体饰面等微小的差异外，理论上各制造商的产品间不应存在太大的差异。然而，对于狂热的 LS3/5A 爱好者而言，这一观点似乎并不被接受，他们总是对品牌有着自己的偏好。1987 年以后的十多年间，生产了大量的 11Ω 版本，其中 Rogers 生产的数量最多。在二手市场上，Rogers 的产品很容易找到，对于收藏家而言，它们不算是稀有品种。但对于非收藏家来说，如果价格合适且状态良好，购买一对 Rogers 的 11Ω 版本是个不错的选择。

4.12.3　面临的风险

对 LS3/5A 感兴趣的人士普遍了解这款音箱在二手市场上具有较高的价值。因此，为了提升售价，一些卖家可能会尝试擅自修理损坏的 LS3/5A 或改造成更为稀有的版本，这类做法往往导致音箱性能严重受损。市场上存在着许多存在严重问题的 LS3/5A，因此您需要掌握足够的知识来提高自己的鉴别能力，并且充分认识到可能承担的风险。

在二手市场上，以下几种风险较为常见。

4.12.3.1　风险 1——更换过驱动单元

购买二手 LS3/5A 时，如何确认驱动单元仍然是原装驱动单元？二手市场上更换过单元的 LS3/5A 相当常见，其性能可能大打折扣。仅凭外观而不借助仪器测量，无法分辨是否原装，这是购买时的一个巨大风险。

对于 15Ω 版本的 LS3/5A 而言，随意更换低音单元绝对是不可接受的。正如之前所述，寻找符合规格的 B110（SP1003）单元——必须接近其公差曲线的一端，在当年的制造过程中就已经是非常困难的事情，更不用说在它已经停产多年后的今天。现在，几乎不可能找到符合规格要求的库存 SP1003

单元。从 KEF Coda SP1034 或 JR149 等其他音箱中拆下的 SP1003 单元，几乎可以确定不符合 LS3/5A 的严格标准。

即便您幸运地找到了符合规格的 SP1003，仍面临着一个巨大的难题：需要通过专业测量仪器和参考级音箱来完成高音单元和低音单元灵敏度的重新匹配，这项工作必须由专业人士完成。

对于 11Ω 版本，由于 B110（SP1228）是专为 LS3/5A 11Ω 版本开发的，且多数库存的 SP1228 低音单元仍符合规格，更换 SP1228 低音单元具有可行性。然而，高音单元和低音单元灵敏度的重新匹配难题同样存在，也必须由专业人士来完成。

15Ω 版本和 11Ω 版本的高音单元都不是被特别选择的，高音单元（T27）的更换可以接受，但需注意两点：（1）由于不同时期的 T27 频率响应趋势有所不同，替换成同一时期的 T27 是十分必要的；（2）高音单元和低音单元灵敏度的重新匹配同样须

由专业人士完成。

总而言之，无论是对于 15Ω 版本还是 11Ω 版本的 LS3/5A，更换高音单元和低音单元都可能导致性能严重受损，除非能确保更换过程由经验丰富的专业人士完成。

4.12.3.2　风险 2——偏离原始规格

15Ω 版本和 11Ω 版本的 B110 均面临 1kHz 附近频率响应峰值频率漂移而偏离原始规格的问题。

15Ω 版本中 B110 的大多数一开始就处于验收规范的极限，因此它们很快就超出了规格（1kHz 附近响应峰值的频率漂移，而且时间越长越会进一步超出规格）。前面已经说过，所有 15Ω 版本的 B110（SP1003）在 1kHz 附近的关键区域的峰值始终存在，多年的渐进式细微变化导致很多 15Ω 版本的 LS3/5A 测量指标偏离了原始规格，尤其是所有的"白肚脐"版本如今几乎无一幸免地全部偏离了，通常在 1.5kHz 附近的峰值会达到 +5dB，如图 4.40 所示，一些样本在此处的峰值甚至高达 +9dB。

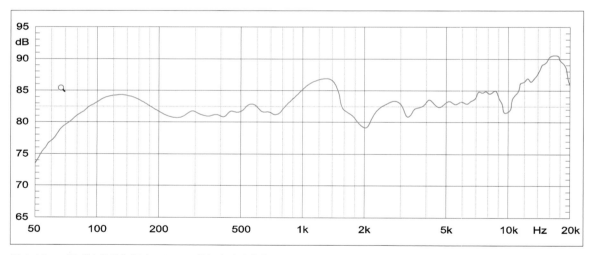

图 4.40　一只"白肚脐"版本 LS3/5A 的频率响应曲线，1.5kHz 附近的峰值达 +5dB

这意味着，从性能角度看，任何品牌的"白肚脐"版本都不具有选择价值。而其他时期的 15Ω 版本，在没有专业仪器测量的情况下，在二手市场上选择它们的风险也会远高于选择 11Ω 版本。

在 11Ω 版本中，B110（SP1228）的 PVC 折环随时间推移有"变平"的趋势。若仔细观察

SP1228 的折环，可以发现它比 SP1003 更多地延伸到锥盆中，且显得更薄。SP1228 的折环是由扁平的 PVC 材料经真空成型处理形成的，随着时间的推移会不断老化，PVC 材料会逐渐恢复其原始的扁平状态，进而影响低频响应，导致低频量感降低。

在定期使用的情况下，这种变化不易察觉，

因为变化进程缓慢。然而，如果将全新和使用较长时间的 SP1228 进行对比，可能会听出它们之间的差异。

普遍的共识是，两个版本都会随时间产生"漂移"，15Ω 版本的 B110"漂移"会导致更严重地偏离原始规格。

许多人偏爱 15Ω 版本，因此我的建议是避开任何品牌的"白肚脐"，选择 1980 年 4 月之前的产品要安全得多，当然 Rogers 是首选——基于他们与 KEF 的"秘密协议"。这并不是说 Chartwell 和 Audiomaster 不具有选择价值，只是在没有测量仪器和专业人士的帮助时，风险很高。

有趣的是，一部分人更喜欢 15Ω"白肚脐"版本，他们似乎并不关心他们的 LS3/5A 与原始规格的重大偏差，反而更喜欢他们的 LS3/5A 不符合规范！这并没有错，毕竟这是个人喜好的问题——但请记住，您听到的内容可能与 BBC 最初的意图并不完全相同。

4.12.3.3　风险 3——"升级"改造

一部分狂热的发烧友坚信早期版本的 LS3/5A 表现最佳，他们通常认为早期产品使用的驱动单元和分频器元件是获得好声音的关键。因此，一些人出于不同目的，会对原装 LS3/5A 进行"升级"，较为典型的例子是将晚期 15Ω 版本的单元或分频器元件更换为早期的型号。多年来，我见证了许多此类案例。

一位音响爱好者拥有一对 1979 年的 Audiomaster LS3/5A，如图 4.41 所示。一位二手音响商告诉他，1974 年的驱动单元能够制造出最好的 LS3/5A，因此他从该商家购买了一套从其他音箱中拆下的 1974 年 B110 和 T27 单元。当他将原装单元更换成 1974 年的单元后，不出意外地得到了不均衡的声音。进一步向二手商家咨询时，被告知需要将分频器上的电容和电阻也更换为当年的品种。他又照做了，结果如大家所料——声音变得更糟。

后来，他寻求我的帮助，试图将音箱恢复到原始状态。原装电容的复位费了一番周折——两个分

图 4.41　一对因"升级"改造而偏离规格的 Audiomaster LS3/5A，高音单元和低音单元及分频器电容都更换过

频器共需 8 颗标称 1.5μF、4 颗标称 4.7μF、4 颗标称 1.0μF 的电容，它们需要通过精确测量才能恢复到原始位置，这个过程相当不容易。

在二手市场上，经过"升级"的 LS3/5A 音箱数量不少，尤其是早期的 Rogers 黑牌产品。部分原因是之前的持有者出于某些"迷信"而进行的改动，另一些则是出于利益驱动，试图将黑牌产品伪装成更受欢迎的小金牌版本——请相信我，他们进行的改动绝不仅仅局限于分频器上的个别元件。对于买家而言，多数时候很难得到真实的答案。因此，尽可能避开这类产品是一种明智的选择。

4.12.3.4　风险 4——不配对

尽管 BBC 没有使用"立体声配对"的概念，但在如今的使用环境中，为了获得最佳听觉体验，确保良好的立体声配对是非常有必要的。在二手市场购买 LS3/5A 时，常见的不配对情况可以分为以下4 类，每种情况的风险程度也有所不同。

（1）同一品牌的同时期产品配对使用：若左右音箱的灵敏度差异小于 0.75dB，此类组合风险极低；

（2）同一品牌的不同时期产品配对使用：建议尽量避免选购此类组合，即便是同一品牌的产品，在不同时间段生产的版本间也可能存在差异，典型的例子是将 11Ω 版本和 15Ω 版本进行立体声配对，如之前所述，这总是会导致不理想的结果，特别是在立体声成像方面；

（3）不同品牌的同时期产品配对使用：建议尽量避免选购此类组合，之前提到的"关于同时期不同品牌产品一致性的评论"中已经给出了答案；

（4）不同品牌的不同时期产品配对使用：无需赘述，没有比这更糟糕的组合了，应当尽量避免选购此类组合。

4.12.3.5 风险 5——拼凑

一些具备基础知识的二手商家可能会将多只有故障的 LS3/5A 音箱的元件重新组装，以此拼凑出一对或几对音箱，目的是获得高额利润。"低级"拼凑的情况相对容易通过肉眼识别，例如错误地将 SP1003 单元与 11Ω 版本的分频器匹配，这是严重的配置错误，无法获得正确的声音。

而"高级"拼凑的情况则难以分辨，尽管仔细检查分频器的焊点和高音单元及低音单元的出厂贴纸可能会发现一些端倪。即便这些拼凑品使用了原装元件，高音单元和低音单元往往也没有进行正确的灵敏度匹配，结果是声音不均衡。

4.12.3.6 风险 6——损坏及故障

LS3/5A 并非如人们想象中那般坚不可摧。多年以来，我协助许多持有者对他们的 LS3/5A 进行了检测，发现其中约 60% 的 15Ω 版本和约 30% 的 11Ω 版本存在问题，这一数据相当令人震惊。部分问题通过肉眼观察或简单的听音测试便可轻易识别，而其他许多问题则需依靠仪器测量才能准确判定。

损坏或故障类型主要分为以下 7 类。

（1）箱体外观损伤，例如木饰面的残缺或边角磕碰，这种情况大可不必担心，这类损伤仅影响外观，并不影响性能。

（2）箱体漏气，最常见的是前障板密封条老化导致箱体密封不严而漏气；一部分接线端子脱落导致箱体漏气；也有一些曾在转播车中使用过的 LS3/5A 箱体在固定时会被螺丝打穿，退役下来之后螺丝被移除了导致箱体漏气；还有少数的 LS3/5A 经历过严重的跌落事故导致箱体开裂漏气。无论是哪种情况导致的箱体漏气都会影响音箱的性能，LS3/5A 是密闭式设计，箱体漏气会严重影响低频

响应。

（3）缺失原装网罩或使用非 Tygan（混合纤维聚合物，本书统称 Tygan）材质的替代品，会影响音箱性能。Tygan 网罩是 LS3/5A 设计的一部分，应确保使用 Tygan 网罩，听音时必须保持 Tygan 网罩安装在箱体上。

（4）高音单元缺少金属保护罩或高音吸音棉，这种情况会影响音箱的性能。金属保护罩或高音吸音棉都是设计的一部分，缺少金属保护罩会导致高频尾端频率响应降低 1~2dB，缺少高音吸音棉会导致 5kHz~10kHz 频率响应不平坦。

（5）驱动单元或分频器损坏，通常包括驱动单元音圈断路、音圈卡死、有杂音、防尘帽脱出、分频器元件烧毁等，这些故障会严重影响音箱的性能，这些问题通常能通过简单听音测试发现。

（6）驱动单元声学特性衰减，此故障并不少见但又不容易辨别，因此应该格外警惕——没有人愿意花大价钱买一对有故障的 LS3/5A！简单的听音测试不太容易识别，长期的听音测试表现为立体声结像极差，问题通常是高音单元声学特性改变，通过仪器检测很容易看到高音区频率响应快速跌落。

（7）15Ω 版本中 R_4 电阻过热发黑，之所以在此单独列出，是因为此现象在 15Ω 版本中相当普遍。当节目中高频信号能量长时间持续时，R_4 电阻会过热烧焦。这些年我测量了不少这样的 LS3/5A，多数 R_4 阻值没有发生变化，因此不必理会，约 20% 的样本阻值增大到超出规格（其中有一部分已经断路），导致高频 CR 共轭电路失效，必须将 R_4 更换。

4.12.3.7 风险 7——伪造

相较于其他情况，伪造牟利行为尤为令人反感，伪造品无法达到正品 LS3/5A 的性能标准。特别是 Rogers 的"大金牌"和"小金牌"因其价格较高而成为伪造者的重点目标。这些不法分子制造的仿冒品看似逼真，目的是欺骗消费者以获取高额利润。尽管他们掌握了焊接技术，但显然缺乏对音箱真正的理解和知识。对大多数音箱而言，这或许是一种可行的制作方法，然而，这并不适用于 LS3/5A。

近年来，伪造品泛滥成灾，许多消费者被欺骗，典型的例子是 ebay 网站上经常出现的一些来自克罗地亚卖家的"LS3/5A"。如图 4.42 所示，左侧是伪造的 Rogers "小金牌"，其分频器电路板的丝印字体采用现代印刷体，电感器的材料也与当年用料不一致。右侧是伪造的 Chartwell，其分频器电路板、电感器和电阻等材料同样与当年用料也不同。

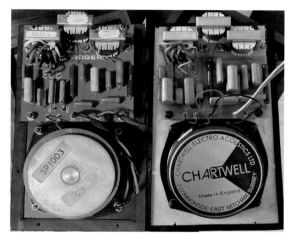

图 4.42　伪造的 Rogers 小金牌（左）和伪造的 Chartwell（右）内部

　　时至今日，我不认为制假人有足够数量符合规格的 B110（SP1003）库存和专业设备来制作早期的 LS3/5A，最大的可能是驱动单元拆自其他类型的音箱，这些单元几乎没有可能符合 LS3/5A 的规范要求。如果您对 LS3/5A 当时的材料和工艺有足够的知识积累，仍然能够辨别出来这些伪造品。

　　综上所述，在购置二手 LS3/5A 时，来源至关重要。理想情况下，寻求一对多年来被妥善保管的一手 LS3/5A——其网罩未曾被拆卸，更别提开箱了。若伴有原始包装及购买收据，则更为可贵。然而，这类案例极为罕见。

4.13　二手价格评估

　　我将 Rogers LS3/5A 不同编号的二手市场价格做了一些统计，并建立了价格估算的数学模型，供读者参考估价使用，其他品牌 LS3/5A 可以参考同时期

的 Rogers 产品估价，数学模型公式如下：

$$P = k \cdot \frac{20}{2^{\log_{10} S - 1}}$$

　　其中，

　　P 代表评估价格，单位：万元；

　　S 代表 Rogers LS3/5A 的编号；

　　k 代表品相系数，取值范围 0.1~1.5，品相越好取值越高，全新带包装取 1.5，九九成新取值 0.99，九五成新取值 0.95，九成新取值 0.9……

　　举例说明如下。

　　编号为 10000 的 Rogers LS3/5A，品相 95 成新，k 取 0.95，估价为：

$$P = 0.95 \times \frac{20}{2^{\log_{10} 10000 - 1}} = 0.95 \times \frac{20}{2^3} = 2.375（万元）$$

4.14　LS3/5A 故障判断及修复

　　在 4.12 节"购买二手 LS3/5A 的注意事项"中，我们已提及可能存在的损坏及故障，并指出准确判断并将其恢复至出厂状态是一项相当严谨的任务。因此，在本节内容的论述上，我将格外谨慎。接下来，针对几类主要严重问题，我将尝试提供相应的解决策略。

4.14.1　密封不严

　　常用的箱体密封性检测方法是将箱体正面朝上放置，然后用手轻轻向内按压低音单元的锥盆，通过感知锥盆移动时的阻力来判断箱体的密封状况。在密封良好的情况下，按压锥盆时应能明显感觉到一定的阻力，而松开手后，锥盆应非常缓慢地恢复至其原始静止位置。若锥盆在松手后迅速回弹，则表明箱体可能存在密封问题。以下列举几种可能的箱体漏气情况及其相应的修复措施。

　　（1）造成漏气的最大可能的原因是障板和箱体之间的密封条老化，更换新的密封条就可以解决。

　　（2）一部分接线端子脱落导致箱体漏气，也有

一些曾在转播车中使用过的 LS3/5A 箱体在固定时会被螺丝打穿，退役下来之后螺丝被移除而导致箱体漏气，实践证明通过填充橡皮泥可以起到很好的密封效果。

（3）由于箱体跌落事故导致的破裂，这种情况往往伴随着箱体的巨大损伤，如果有修复的可能可以请专业木工将其复原，否则只能更换箱体。

（4）低音单元防尘帽脱开或折环开胶导致的漏气，可以尝试使用专用的喇叭胶将其重新粘好。

（5）一小部分高音单元过线孔漏气，填充橡皮泥仍然是最有效的办法。

（6）低音单元与障板间的橡胶条密封不严，这样的案例不在少数，可能的原因是多年使用中障板轻微变形或者是橡胶条收缩导致接头处没有紧密对齐，用少量的热熔胶补充至漏点可以解决。

4.14.2 缺少网罩或使用非 Tygan 材料的替代网罩

缺少网罩或使用非 Tygan 材料的替代网罩将影响音箱的性能。Tygan 网罩是 LS3/5A 设计的一个重要部分。有无网罩的频率响应对比如图 4.43 所示，而图 4.44 展示了使用原装 Tygan 网罩与使用非 Tygan 网罩时的频率响应差异，可以清晰看出在未使用网罩或使用非 Tygan 网罩时频率响应超出规定范围。因此，最佳的解决方案是使用原装的 Tygan 网罩。

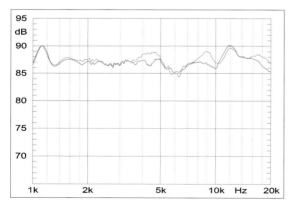

图 4.43　LS3/5A 1kHz~20kHz 轴上频率响应对比图（红色：标准配置，紫色：不带网罩）

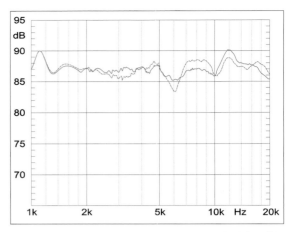

图 4.44　LS3/5A 1kHz~20kHz 轴上频率响应对比图（红色：带原装 Tygan 网罩，紫色：带非 Tygan 网罩）

4.14.3 缺少高音金属保护罩或高音吸音棉

缺少高音金属保护罩或高音吸音棉会影响音箱的性能，高音金属保护罩或吸音棉都是设计的一部分。图 4.45 是带与不带高音金属保护罩的频率响应对比，缺少高音金属保护罩会导致高频尾端频率响应降低大约 2dB。图 4.46 是加与不加高音吸音棉的频率响应对比，缺少高音吸音棉会导致 5kHz~10kHz 区间频率响应不平坦甚至超出规格。最佳解决方案——添加缺失的高音金属保护罩或高音吸音棉。

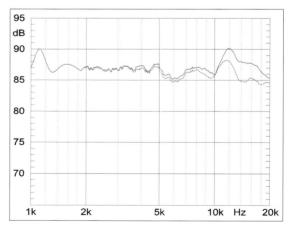

图 4.45　LS3/5A 1kHz~20kHz 轴上频率响应对比图（红色：有高音金属保护罩，紫色：无高音金属保护罩）

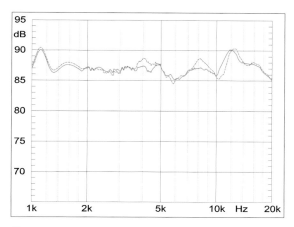

图 4.46　LS3/5A 1kHz~20kHz 轴上频率响应对比图（红色：有高音吸音棉，紫色：无高音吸音棉）

4.14.4　低音单元故障

　　LS3/5A 低音单元的故障种类繁多，其中一些现象如防尘帽脱胶、擦圈、音圈卡死、音圈短路及折环破损等，相对容易识别。然而，其他故障可能并不容易分辨，比如你只是觉得声音不太对，这时首先应考虑低音单元可能已超出规格范围，此时需借助测量仪器进行诊断。此外，正如之前所述，目前几乎所有的"白肚脐"版本 SP1003 单元几乎无一幸免地全部超出了规格，因此大量 LS3/5A 需要更换低音单元。

　　更换 SP1003 对 15Ω 版本 LS3/5A 而言，确实是一个相当棘手的问题。若替代单元来自相近年代的原装 LS3/5A，问题可能不大，仅需对低通陷波网络的参数进行适当调整，并重新匹配高音单元和低音单元的灵敏度即可。然而，若替代单元来源于其他型号的音箱，如 KEF Coda SP1034 或 JR149 等，或库存的 SP1003，几乎可以肯定不行。须认识到，SP1003 在当年被广泛应用于多种音箱型号中，尽管在二手市场上这种单元颇为常见，但适用于 LS3/5A 的却寥寥无几。

　　图 4.47 展示了一只 KEF Coda SP1034 的低音单元的频率响应，明显不符合 LS3/5A 的规格要求，1.2kHz~5kHz 区间的频率响应不正确，因此无法与 T27 单元实现平坦衔接。

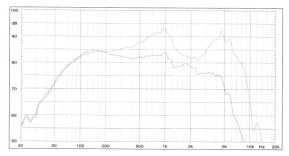

图 4.47　一只来自 KEF Coda SP1034 的低音单元的频率响应（绿色：不加分频器，紫色：加分频器）

　　出于各种目的，二手市场上充斥着大量私自更换过低音单元的 LS3/5A，请擦亮双眼！我能给出的最稳妥方案是使用 Falcon Acoustics 重新推出的 B110 单元，并且重新对高音单元和低音单元的灵敏度进行匹配调整。

　　重要提示：低音单元的更换请务必在具有专业测量仪器的专业人士的帮助下进行。

4.14.5　高音单元故障

　　LS3/5A 的高音单元出现故障的例子也屡见不鲜，比较容易分辨的现象包括音圈卡死、音圈短路和振膜破损等。然而，其他故障如声音减弱、出现杂音或立体声成像质量下降等，则难以直观分辨，此时需依靠测量仪器来确认是否真的出现故障。一位来自北京的朋友就遇到了这样的问题，他的 LS3/5A 没有清晰的立体声成像，其中一只几乎听不到高音单元发声，通过测量发现 5kHz~20kHz 区间的高音单元频率响应大幅衰减（参见图 4.48），这与实际听感是相符的。

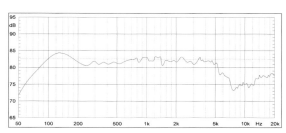

图 4.48　一只高音单元有故障的 11Ω 版本 LS3/5A 频率响应曲线

　　确认存在故障后，不论具体情形如何，都应考虑更换高音单元。幸运的是，LS3/5A 开发时所采用的高音单元 T27（SP1032）并没有经过特别选择，因此在二手市场较易找到。然而，在更换时需留意几点。

（1）力求寻找与损坏的 T27 单元同一时期的替代品，以确保振膜材料批次的一致，从而最大限度保证频率响应的一致性。

（2）由于同期产品间存在灵敏度差异，因此不可避免地需对高音单元和低音单元的相对灵敏度进行匹配调整。

（3）二手市场上存在很多有缺陷的 T27 单元，多数时候并不是"擦亮眼睛"就能够发现问题，需要认真测量频率响应。遗憾的是，绝大多数卖家并不具备这样的能力和设备，通常只能简单地测量一下直流电阻，因此几乎所有交易都在风险中进行。

（4）总有人出于各种原因更迷恋早期白色过线垫圈的 T27 单元外观，有时会见到 Rogers 黑牌时期的 LS3/5A 被更换为带有白色垫圈的 T27，以使其看起来更像是小金牌时期的产品。若这一更换过程得到了专业人士的测量与调整，这种操作通常是可接受的。不幸的是，这并非常态。

重要提示：高音单元的更换请务必在具有专业测量仪器的专业人士的帮助下进行。

4.14.6　分频器故障

在分频器故障中，比较严重的故障是 15Ω 版本中 R$_4$ 电阻烧毁，11Ω 版本常见的故障是电阻梯烧毁，多数情况下 PCB 板也会被烧焦，故障的原因通常是节目素材中高频信号能量长时间持续，遇到这样的情况要特别小心，因为它往往伴随着高音单元异常，因此，更换损坏的分频器组件并认真测量频率响应是非常有必要的。同样，这项工作务必在具有专业测量仪器的专业人士的帮助下进行。图 4.49 显示了 15Ω 版本 LS3/5A 分频器上 R$_4$ 电阻烧毁的惨状。

图 4.49　15Ω 版本 LS3/5A 分频器上的 R$_4$ 电阻烧毁

4.15 DIY "LS3/5A"

DIY 项目充满乐趣，不仅能够增强个人的动手能力，还能通过实践深化对音箱基础理论的理解。然而，需要明确的是：LS3/5A 的制作绝非易事。该设计将 20 世纪 70 年代的驱动单元、分频器技术及箱体构造等技术应用推向极致，对驱动单元或组件的任何微小变化都极其敏感，因此，在尝试 DIY "LS3/5A"时应慎重考虑。

一些人非常热衷于克隆早期版本的 LS3/5A，希望获取最高性价比，毕竟早期版本的 LS3/5A 实在是太昂贵了。然而，他们往往不具备完整的技术能力，通常仅以网购的方式获取早期版本的驱动单元、分频器、箱体及其他部件并简单拼装。正如前文所述，这样的方法几乎不可能复刻出真正的 LS3/5A。也许有些人会说："我只是做着玩的，

并不在乎是否符合规格，它们听起来也不错！" 那我就无话可说了，但应当认识到，这样玩票的代价并不低，投入的成本通常会超过购买一对在售的 LS3/5A 新品的价格。

如果您读到这里仍然对 DIY "LS3/5A"抱有热情，并且具备一定的电声学技术水平，同时也愿意为此进行相应的投资，那么就让我们开始这段 DIY 之旅吧！

4.15.1 前期准备

我们计划 DIY 一对 15Ω 版本的"LS3/5A"，在开始之前，需要提前做一些必要的准备工作，表 4.8 中的工具及测量仪器是必需的。

DIY LS3/5A 所需的组件和材料也需要提前准备好，明细如表 4.9 所示。

表 4.8 DIY "LS3/5A"所需要的工具及测量仪器

序号	名称	规格	数量	备注
1	十字螺丝刀	3×100~6×100	1 套	对应十字螺丝
2	内六角扳手	M3~M6	1 套	对应内六角螺丝
3	套筒扳手	Φ3~Φ14（mm）	1 套	
4	电烙铁	可控温、60W、内热型	1 把	调温焊台更佳
5	焊锡丝	Φ0.8~Φ1.2（mm），含铅 30%~40%	若干	不宜用含银焊锡
6	松香	高纯度助焊型	若干	可用焊锡膏替代
7	万用表	高精度数字型	1 台	
8	扫频仪	频率范围 20Hz~20kHz	1 台	
9	精密电桥	频率范围 10Hz~100kHz	1 台	
10	专业电声测量仪	B&K，LMS，CLIO，SoundCheck 等	1 套	其中之一
11	分频器设计软件	LspCAD，LEAP，FINE X-OVER 等	1 套	其中之一
12	LS3/5A	同时期原装 15Ω LS3/5A	1 对	作为参考标准

表 4.9 DIY "LS3/5A"所需的组件和材料

序号	名称	规格	数量	备注
1	**箱体及附件**			
1.1	箱体	外形尺寸：304×190×162（mm），12mm 桦木胶合板	2 只	木皮贴面自定义
1.2	障板	尺寸 278×164×9（mm），9mm 桦木胶合板	2 块	正面漆黑

序号	名称	规格	数量	备注
1.3	网罩	完成尺寸：278×164×11（mm），Tygan 材料	2 块	可选麻布 Tygan
1.4	沥青毡	248×98×2（mm），聚酯胎	4 块	侧板
1.5	沥青毡	133×98×2（mm），聚酯胎	8 块	顶板双层
1.6	吸音棉	248×98（mm）中密度聚氨酯泡沫海绵，20mm 厚	4 块	侧板
1.7	吸音棉	133×98（mm）中密度聚氨酯泡沫海绵，25mm 厚	4 块	顶板
1.8	自攻螺丝	3.5×25，沉头米字，白色不锈钢	16 颗	
1.9	接线柱	4mm 香蕉头接线端子	4 只	红黑各 2 只
1.10	箱体密封条	6.5×2mm，EVA 黑色胶条	1.8m	
2	**低音单元及附件**			
2.1	低音单元	特别选择的 KEF B110（SP1003）	2 只	需符合规格
2.2	密封条	Φ5mm 橡胶条	0.9m	
2.3	螺丝	M5×25，沉头十字，黑色不锈钢	8 颗	
2.4	螺母	M5，白色不锈钢	8 颗	
2.5	螺丝垫片	M5，白色不锈钢	8 颗	
3	**音单元及附件**			
3.1	高音单元	KEF T27（SP1032）	2 只	宜与低音单元同时期
3.2	防护罩	铜质漆黑	2 个	
3.3	密封圈	Φ108×Φ80×1.5（mm），EVA 黑色圆环	2 个	
3.4	吸音棉	12×12×127（mm），12×12×85（mm），黑色羊毛毡	8 块	
3.5	螺丝	M3.5×20，沉头十字，黑色不锈钢	6 颗	
3.6	螺母	M3.5，白色不锈钢	6 颗	
3.7	螺丝垫片	M3.5，白色不锈钢	6 颗	
4	**分频器组件**			
4.1	成品分频器	FL6/23	2 个	宜与低音同时期
4.2	减震棉垫	50×50×15（mm），白色羊毛毡	2 块	
4.3	直通柱	Φ9.5×24（mm），白色塑料	8 只	
4.4	螺丝	M5×45，沉头十字，黑色不锈钢	8 颗	
4.5	螺母	M5，白色不锈钢	16 颗	
4.6	螺丝垫片	M5，白色不锈钢	16 颗	
5	**其他附件**	优质		
5.1	线材	0.5mm² 优质多股铜线，红色 / 黑色	2m	红黑各 1m
5.2	胶水	500mL 德国百德万能胶，耐高温型	1 桶	
6	**可能用到的组件**			
6.1	电感	1.42mH，1.65mH，2.45mH，2.87mH	8 只	各 2 只备用
6.2	电容	MKT 0.22μF~10μF 100V，精度 ±5%，优质薄膜电容	若干	备用
6.3	电阻	15Ω~100Ω ±5% 10W，优质绕线电阻	若干	备用

请注意，原始的 LS3/5A 使用的都是英制 BA 规格螺丝，以上所有螺丝都已经按国标规格替换。

4.15.2 获取箱体

箱体的材料与规格非常重要。如果使用了不合格材料或不准确的规格，将会降低音箱性能，BBC研究报告 1976/29 中有很详细的描述，因此，对箱体的选择要引起足够的重视。最佳的选择是从二手市场寻找原装箱体，退而求其次才是选择现代复制的箱体。国内复制箱体的工厂并不少，但无论工艺水平、材料选择还是尺寸规格都差强人意。您也可以考虑自己制作箱体，这样可以保证足够的品质，很辛苦但成就感爆棚——我就是这么干的！

图 4.50~ 图 4.60 是我制作箱体的过程展示，成品相当漂亮而且品质很高！

箱体的主要制作工作已经完成，下一步是在箱体内壁上使用胶水固定沥青板。侧板粘贴一层沥青板，而顶板和底板则各粘贴两层，背板不需要粘贴沥青板。如果能使用气钉枪来加固沥青板，效果会更佳。最后步骤是在箱体内部各面——顶板、底板、侧板和背板粘贴合适尺寸的海绵，至此箱体制作完成。

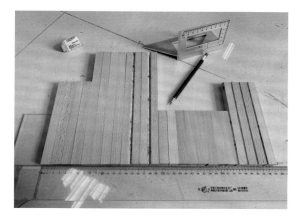

图 4.52 合适规格的榉木条

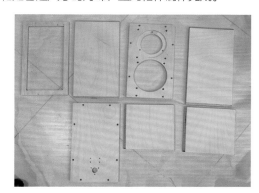

图 4.50 合适规格的桦木胶合板

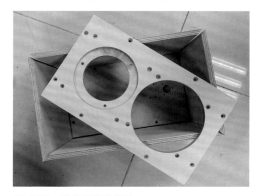

图 4.51 箱体的初步拼接

图 4.53 榉木条两端的 45° 切割

图 4.54　拼装完成的箱体

图 4.55　箱体钉孔用原子灰填充

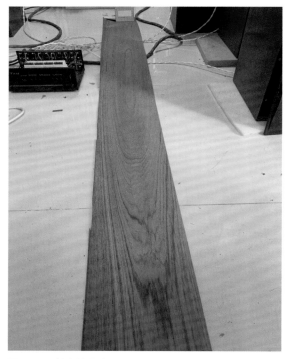

图 4.56　整张柚木皮

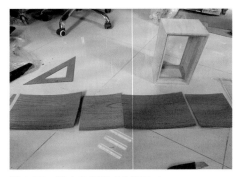

图 4.57　柚木皮切割成合适尺寸

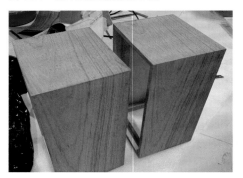

图 4.58　箱体贴皮

图 4.59　箱体油漆处理

图 4.60　粘沥青板和海绵

4.15.3　获取分频器

成品 FL6/23 分频器可通过网络购买，但应清楚，对于其质量无人负责。对 LS3/5A 而言，组件的品质与精度极为关键。最稳妥的做法是向声誉良好的制造商，如 Falcon 订购。自行制作分频器亦是一种选择，但这并不意味着标准的 FL6/23 分频器就能直接适用于您正在 DIY 的"LS3/5A"，通常需要进行重大调整。

自制标准 FL6/23 分频器的多数组件，如电容、电阻和 PCB 板等都很容易获取，最难解决的是 6 只变压器式电感，为了确保其具有足够高的品质，我选择了自制电感。

我测量了原装 LS3/5A 的电感尺寸规格，并购买了相同规格的骨架和优质英国漆包线。寻找适合音频应用的硅钢片尤为关键，其必须具备高磁通密度和低矫顽力特性。寻找硅钢片花费了我大量时间，我尝试过国产和日本的一些产品，性能都不是很好，最终在英国朋友的帮助下，找到了一小部分 Hinchley 公司的库存材料。

接下来，我在骨架上绕制了 100 匝的漆包线并组装成电感，并使用精密电桥在 3000Hz 频率下测量，电感值为 1.28mH。基于以下公式进行计算：

$$L = k \cdot N^2$$

其中，L——电感值，μH

　　　　k——导磁系数，μH/匝^2

　　　　N——线圈匝数

计算出导磁系数 $k=L/N^2=1280/10000=0.128$，由此我计算出 L_1（1.53mH）对应的匝数 $N=109$，L_2（2.67mH）对应的匝数 $N=144$，L_3 对应不同的抽头分别为 36 匝、41.5 匝、48.5 匝、54.5 匝、62.5 匝、71 匝，我试制了 L_1、L_2 和 L_3，然后在精密电桥上测量，3 种规格的电感仅做了微小调整就达到了 ±5% 的公差要求，电感内阻很低，Q 值接近 12，完全达到了原装电感的品质。制作完成的电感如图 4.61 所示。

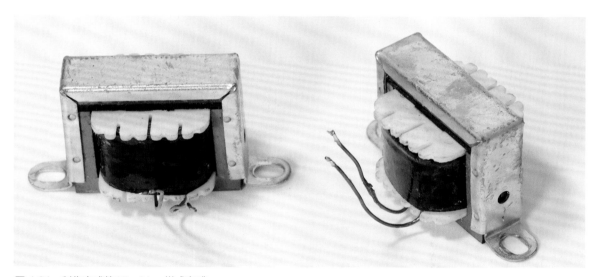

图 4.61　制作完成的 Hinchley 样式电感

后来我又找到了一些 BBC 内部专用电感材料并制作了一小部分 BBC 专用电感，具有更低的内阻和更高的 Q 值，制作完成的 BBC 专用电感如图 4.62 所示。

我选择了优质的 Philips、ITT、Mullard 等电容和优质 Welwyn 绕线电阻，最终我将所有组件逐一测量并按照电路图完成组装和焊接工作，成品见图 4.63~图 4.65。

图 4.62   制作完成的 BBC 专用电感

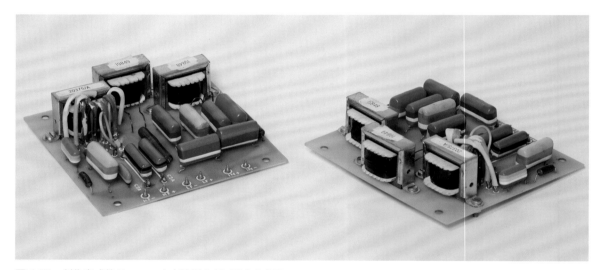

图 4.63   制作完成的 Rogers 小金牌版本 FL6/23 分频器

图 4.64   制作完成的 BBC 版本 FL6/23 分频器

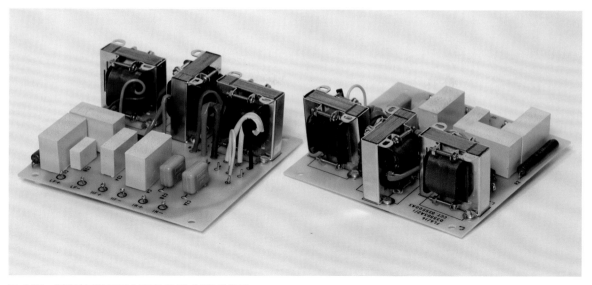

图 4.65　制作完成的用于 LS3/5 的 FL6/16 分频器

4.15.4　获取驱动单元

从二手市场上购买原始的 KEF B110（SP1003）低音单元存在巨大风险，能够获取到的符合 LS3/5A 规格的库存少之又少。多数二手驱动单元拆自 KEF 1034、JR149 等其他音箱——它们不符合 LS3/5A 的规格要求，试想谁愿意从昂贵的 LS3/5A 上拆下驱动单元呢！

尽管一些商家声称自己手上的驱动单元来自原装 LS3/5A，但这往往是假话，一些商家还会向你展示万用表测得两只单元的直流电阻是一致的，以证明驱动单元的品质，但是我非常负责地说，这对于判断它是否符合规格毫无帮助——只有测量阻抗和频率响应才是有用的。

另外，必须再次强调：几乎所有"白肚脐"版本的 B110（SP1003）都已经超标，即使它们来自原装 LS3/5A 也请远离它们！

LS3/5A 的高音单元没有经过特别选择，因此比较容易获取，但是要尽量保持与低音单元同一时期，不同时期的产品振膜材料有所不同，频率响应也因此出现了轻微的变化，这在前面"高音单元的问题"中已经详细描述，此处不再赘述。

原始的 KEF 高低音驱动单元都经历了几十年

的岁月沧桑，购买它们风险很高，稳妥的办法是向有良好信誉的制造商，例如 Falcon 定购最新发布的产品。

4.15.5　组装及测量

在获取核心组件后，下一步是利用万用表和扫频仪对高音单元和低音单元进行初步检查。首先，使用万用表检查单元的直流电阻，确保其阻值处于正常范围。随后，将扫频仪的输出设置为 2V，分别对低音单元在 50Hz~5kHz 频段和高音单元在 1kHz~20kHz 频段进行扫频测试，如果测试过程中没有杂音，初步可以认为高音单元和低音单元状态良好。

随后的步骤是将高音单元和低音单元安装到前障板上，高音单元需要安装金属保护罩和吸音棉。接下来，固定分频器但暂时不接线，以保持箱体内部容积的准确性。然后，在前障板边缘贴上密封条，将高音单元和低音单元的正负引线从箱体的接线柱位置引出，并在端头焊上小夹子。最后，使用自攻螺丝将前障板与箱体紧固，接线柱位置用橡皮泥封堵，确保箱体内部的良好密封。

接下来，要进行一些声学测量工作，我使用的设备是 CLIO 专业声学测量仪。首先，对一只原装

LS3/5A 进行频率响应和阻抗测量，将已进行声学校准的话筒对准高音单元轴心，与音箱保持 1~1.5m 的距离，保存测量得到的频响和阻抗曲线。

然后进行 DIY 音箱的声学测量。保持话筒位置不动，将原装 LS3/5A 用 DIY 音箱替换下来（此步骤必须严格保持前后两只音箱在同一位置），将另一块分频器的 L₃ 多抽头电感暂时接在抽头 5 上，对应的 C₂ 电容取值 1.0μF+1.0μF，分频器暂时外置放在音箱顶部，将高音单元和低音单元的正负引线上的小夹子分别夹在分频器对应的端子上，分频器的 IN+/IN− 端子连接测量仪并开始测量，保存测得的频响与阻抗曲线。

备注：以上声学测量工作最好在消声室内进行，在不具备条件的情况下也需要一间至少 50m² 的空旷房间，建议使用地面测量法进行测量，尽量避免房间各壁面反射的影响。保持带网罩完成整个测量过程。

对比 DIY 音箱与原装 LS3/5A 的阻抗曲线，首先应确认 DIY 音箱的曲线走势是否与原装 LS3/5A 大致一致。如有显著差异，可能是高音单元、低音单元或分频器组件之一参数异常，可以换另一只音箱测试一次排查问题所在。然后观察 DIY 音箱的谐振频率是否低于 80Hz（高于 80Hz 意味着低频的过早衰减，可以视为低音单元不符合规格）。

对比 DIY 音箱与原装 LS3/5A 的频响曲线，如果选择的低音单元符合规格要求，中低频区域可能是与原装音箱完全重合的。在多数情况下，与原装 LS3/5A 低音单元的灵敏度有 ±（0.5~1）dB 的差异，因而曲线是平行关系，此时应该在软件中将 DIY 音箱的曲线向上或向下平移 0.5~1dB，以保持与原装 LS3/5A 中低频区域的曲线重合。接下来对比高频区域的频响曲线与原装 LS3/5A 曲线的情况。如果两者完全重合，说明 L₃ 电感抽头 5 是正确的，否则应该调整 L₃ 电感的抽头位置，并同步调整 C₂ 电容数值以保证两条曲线完全拟合。表 4.10 是 L₃ 电感与 C₂ 电容的对应关系及响应变化。

表 4.10　L₃ 电感与 C₂ 电容的对应关系及响应变化

L₃ 电感抽头位置	L₃ 电感数值 /μH	C_{2a}/μF	C_{2b}/μF	响应变化 /dB
2	165	3.3	1.5	+2
3	220	3.3	0.22	+1
4	300	2.2	0.47	0
5	380	1.0	1.0	−1
6	500	1.5	—	−2
7	640	1.0	0.22	−3

注：如果是 1984 年 4 月之后出厂的高音单元，C₂ 值约增加 10%，详见"高音单元的问题"部分。

如果经过 L₃ 和 C₂ 的调整，DIY 音箱与原装 LS3/5A 的频响曲线完全拟合，那么恭喜您成功完成了 DIY 任务。如法炮制完成另一只音箱的测量并组装就可以愉快地欣赏音乐了。

但现实是残酷的，很少有如此顺利的情况，出现的问题多种多样，其中最棘手的问题主要有以下两种情况。

（1）低音单元不符合规格，导致无法通过分频器组件的调整使频响曲线达到 ±3dB 的范围。在这种情况下，必须忍痛放弃使用这个低音单元。

（2）低音单元基本符合规格，但无法获得与原装 LS3/5A 重合或平行的频响曲线。此时，需要通过改变分频器组件中的 LCR 值以获取正确的频率响应。通常，我会使用分频器模拟软件来调整 LCR 组件的数值，以获得大致正确的参数，随后利用 CLIO 声学测量仪测量最终确定组件的准确参数。这个过程可能需要反复测量和更换 LCR 组件，往往要花费几天的时间。

最终 DIY 完成的"LS3/5A"如图 4.66~ 图 4.68 所示。

同时，我还复制了原始规格的 BBC LS3/5，最终完成作品如图 4.69~ 图 4.71 所示。

图 4.66　制作完成的 BBC LS3/5A 实物（带网罩和不带网罩）

图 4.69　制作完成的 BBC LS3/5 实物（带网罩和不带网罩）

图 4.67　制作完成的 BBC LS3/5A 实物（正面和背面）

图 4.70　制作完成的 BBC LS3/5 实物图（正面和背面）

图 4.68　制作完成的 BBC LS3/5A 内部

图 4.71　制作完成的 BBC LS3/5 内部

4.16　将 11Ω 版本改造成 15Ω 版本

一直以来，我对 11Ω 版本分频器使用粉磁电感和高通使用电阻梯的做法不太满意，我始终认为这样做的最终目的是降低成本，因而有可能在性能上做一些妥协。是否有可能将 11Ω 版本的分频电路拓扑回归到 15Ω 版本的经典拓扑呢？基于对 LS5/9 两个不同版本的认知，我认为这是完全有可能的。

11Ω 版本所使用的低音单元 KEF B110（SP1228）与 15Ω 版本的低音单元 KEF B110（SP1003）具有完全不同的参数特性，因此直接套用 15Ω 版本的 FL6/23 分频器参数显而易见是不可行的，那不会得到正确的响应。

为了保证改造的严谨性，我在消声室中对高音单元和低音单元进行了认真的测量，取得高音单元和低音单元的阻抗以及不同水平 / 垂直角度的频率响应和相位数据。最初，我的想法是可以通过使用仿真软件来完成大部分分频器的设计工作，然而 LS3/5A 并未使用经典的 Butterworth（巴特沃思）或者 L-R（林克维茨 - 瑞利）滤波器，这意味着无法使用仿真软件库中的参考滤波响应进行模拟。分频器的重新设计必须另寻它法，此过程异常艰难，几乎所有的调整过程都是以手工试错的方式进行的。设计过程中，不断与 15Ω 版本进行响应对比并优化组件数值，前后持续了近半年的时间才最终完成，比开发一款新的音箱所花的精力还要多。最终完成的分频器成品如图 4.72 所示。

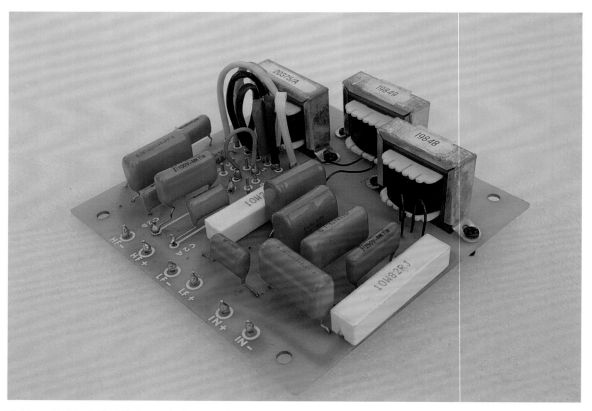

图 4.72　将 11Ω 版本改造成 15Ω 版本分频器电路拓扑的分频器实物

改造方案在一位朋友的 KEF LS3/5A 上得以实践，消声室测量数据相当优异，实际的听感表现与 15Ω 版本几乎一模一样，几乎每一位听过它们的朋友都给出了正面的反馈。最终完成改造的音箱成品如图 4.73 所示，频率响应曲线和阻抗曲线如图 4.74 和图 4.75 所示。

图 4.73 将 11Ω 版本改造成 15Ω 版本分频器电路拓扑的 KEF LS3/5A

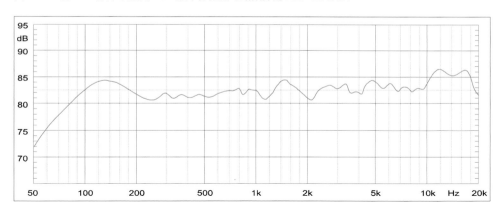

图 4.74 将 11Ω 版本改造成 15Ω 版本分频器电路拓扑的 KEF LS3/5A 轴上频率响应曲线

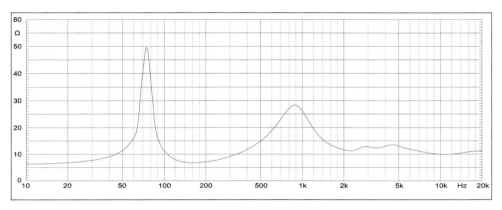

图 4.75 将 11Ω 版本改造成 15Ω 版本分频器电路拓扑的 KEF LS3/5A 阻抗幅值曲线

4.17 主观评价

前文中我们已阐述了不同品牌及不同时期 LS3/5A 音箱声音表现存在差异，为了深入探究这一现象，我临时组建了一个评估小组进行了一系列有趣的对比测试，旨在尽可能客观地从多个角度对这些音箱的表现提出我们的见解。在此需明确声明：本小组得出的结论仅代表小组内部多数成员的共识，并不意味着观点被广泛认同，您完全可以捍卫自己的观点。

4.17.1 评价准则

我们必须认识到，在高保真音响设备之间进行对比时，确实会遭遇诸多挑战，对于 LS3/5A 音箱的不同版本间的比较亦是如此。然而，通过采取若干严谨的措施和方法，我们可以使这些对比更具可靠性和参考价值。

（1）在每次对比测试中，只更换音箱，而不改变系统中任何其他配置，并始终保持音箱在同一物理位置。

房间声学特性对声音表现有很大影响——相同的音响设备在不同的房间环境下可能产生不同的听感体验。我曾搬过一次家，在以前的听音室里有我非常喜欢的搭配，但在新房子里却一点也不满意，所有的设备都和以前一样，唯一的改变是房间。

（2）在每次对比测试时，保持不同音箱的音量一致。

经验表明，在正常聆听条件下，音量更大的音箱通常会被认为更具吸引力和更好的表现，我们必须保持不同音箱音量的一致，以避免这种偏差的发生。

（3）使用"瞬间"切换开关，以尽可能减少不同音箱间的切换时间。

科学研究证明，人类的听觉记忆能力远不如视觉记忆能力那样强。基于个人经验，绝大多数人无法在超过 5s 后准确回忆声音细节。音箱切换的间隔时间越长，可靠判断声音差异的难度就越大。

（4）采用 ABX 双盲测试方法，以排除预知带来的偏差。

众多研究表明，当测试者预先知道被测试对象的信息时，品牌、外观、尺寸及先入之见会显著影响其评判。例如，在知道自己正聆听一款价格高昂的早期 Rogers 麻布版 LS3/5A 音箱时，人们往往会不自觉地"脑补"它具有更高品质的声音，即便实际上可能并非如此。

（5）使用各种不同音乐专辑进行测试。

使用单一专辑测试音箱并试图判断哪款音箱听起来更好是相当有问题的。音乐专辑在混音制作过程中，混音师往往使用了某款自己偏好的音箱，但我们平时欣赏音乐会接触大量的音乐专辑，它们通常来自不同唱片公司，在不同音箱上进行混音处理。因此在音箱对比时要选择不同作品，不仅是录制最好的发烧专辑，还有其他在您当前的系统上听起来可能不那么好的音乐作品，在各方面听起来都不错的音箱往往更优秀。

（6）间隔数日的多次重复测试。

人类的听觉系统与其他感官系统一样，通常受到心理因素和生理因素的影响，缺乏持续的可靠性。因此，间隔几天之后再进行重复性测试，测试结果可能更具客观性。例如，若仅基于一次音箱对比后便下结论，则该结论可能具有偶然性。相反，若间隔几日进行多次重复测试，最终得出的结论更具可信度。

4.17.2 评分及评级方法

为了更适用对音箱的评价，我参考了 BBC 研究报告 1974/28《声学缩放：主观评价及声学质量指南》和刘汉盛先生的《音响二十要》，重新整理出 20 项评价指标，如图 4.76 所示，每项指标的分值范围为 0~10 分，其中 0 分代表最差，10 分代表最好。并根据评分结果进行分级，共设"A+++，A++，A+，A，A-，B+，B，B-，C+，C，C-"共 11 个级别，"A+++"表示最受欢迎，"C-"表示最不受欢迎。

1	色调冷暖	较冰冷　　　　　　　　　　　　　　　　　　　　　　　　较温暖 0　1　2　3　4　5　6　7　8　9　10
2	音色	较劣质　　　　　　　　　　　　　　　　　　　　　　　　较好 0　1　2　3　4　5　6　7　8　9　10
3	清晰度 （透明度）	较模糊　　　　　　　　　　　　　　　　　　　　　　　　较清晰 0　1　2　3　4　5　6　7　8　9　10
4	染色	较多染色　　　　　　　　　　　　　　　　　　　　　较少染色 0　1　2　3　4　5　6　7　8　9　10
5	坚硬度 （低频）	坚硬　　　　　　　　　中性　　　　　　　　　松弛 0　2　4　6　8　10　8　6　4　2　0
6	丰满度 （中频）	单薄　　　　　　　　　中性　　　　　　　　　浓郁 0　2　4　6　8　10　8　6　4　2　0
7	光泽度 （高频）	暗淡　　　　　　　　　中性　　　　　　　　　明亮 0　2　4　6　8　10　8　6　4　2　0
8	鲜活度 （混响）	较死板　　　　　　　　　　　　　　　　　　　　　　　　较鲜活 0　1　2　3　4　5　6　7　8　9　10
9	弦乐质感	较差　　　　　　　　　　　　　　　　　　　　　　　　较好 0　1　2　3　4　5　6　7　8　9　10
10	人声准确度	不准确　　　　　　　　　　　　　　　　　　　　　　　较准确 0　1　2　3　4　5　6　7　8　9　10
11	动态范围	较小　　　　　　　　　　　　　　　　　　　　　　　　较大 0　1　2　3　4　5　6　7　8　9　10
12	瞬态响应 （速度感）	较慢　　　　　　　　　　　　　　　　　　　　　　　　较快 0　1　2　3　4　5　6　7　8　9　10
13	细节还原 （解析能力）	缺少细节　　　　　　　　　　　　　　　　　　　　　细节丰富 0　1　2　3　4　5　6　7　8　9　10
14	声场宽度	较窄　　　　　　　　　　　　　　　　　　　　　　　　较宽 0　1　2　3　4　5　6　7　8　9　10
15	声场深度	较浅　　　　　　　　　　　　　　　　　　　　　　　　较深 0　1　2　3　4　5　6　7　8　9　10
16	定位准确度	不准确　　　　　　　　　　　　　　　　　　　　　　　较准确 0　1　2　3　4　5　6　7　8　9　10
17	层次感	层次不清　　　　　　　　　　　　　　　　　　　　　层次分明 0　1　2　3　4　5　6　7　8　9　10
18	空间感	较压缩　　　　　　　　　　　　　　　　　　　　　　　较丰满 0　1　2　3　4　5　6　7　8　9　10
19	亲合力	不太亲密　　　　　　　　　　　　　　　　　　　　　较亲密 0　1　2　3　4　5　6　7　8　9　10
20	综合表现	不太喜欢　　　　　　　　　　　　　　　　　　　　　较喜欢 0　1　2　3　4　5　6　7　8　9　10

图 4.76　20 项音箱评价指标

4.17.3 评分及评级结果

表 4.11 展示了 BBC LS3/5A 和不同时期的 Rogers LS3/5A 的评分及评级结果，而表 4.12 则呈现了其他品牌 LS3/5A 的评分及评级结果。再一次重申：这些结果反映的是评估小组多数成员普遍接受的观点，不代表被大众普遍接受的共识，您完全有权捍卫自己的观点！

表 4.11　BBC LS3/5A 和不同时期 Rogers LS3/5A 评分及评级结果

序号	评价指标	负面评价	分值	正面评价	BBC 0001~120	ROGERS 大金牌第一期 001~050	ROGEHS 大金牌第二期 051~200	ROGERS 大金牌第三期 201~500	Rogers 小金牌第一期 501~700	Rogers 小金牌第二期 701/750	Rogers 小金牌第三期 751/1200	Rogers 小金牌第四期 SO001/SO100	Rogers 小金牌第五期 SO101/SO1500A&B	Rogers 小金牌第六期 SO1501A&B/SO3300A&B	Rogers 黑牌第一期 SO3301A&B/SO3500A&B	Rogers 黑牌第二期 S3501A&B/SO5000A&B	Rogers 黑牌第三期 SO5001A&B/SO13500A&B	Rogers 黑牌第四期 SO13501A&B/SO15000A&B	Rogers 白牌第一期 SO15001A&B/SO18000A&B	Rogers 白牌第二期 SO18001A&B/SO20000A&B	Rogers 白牌第三期 SO20001A&B/SO25000A&B	Rogers 字母牌第一期 SO25001A&B/SO31000A&B	Rogers 字母牌第二期 SO31001A&B/SO36500A&B	Rogers 字母牌第三期 SO36501A&B/SO50000A&B
		阻抗/Ω			15	15	15	15	15	15	15	15	15	15	15	15	15	15	15	15	15	15	11	11
1	色调冷暖	较次冷	0-10	较温暖	9	9	9	9	9	9	9	9	8	8	8	8	7	7	7	6	6	6	7	7
2	音色	较劣质	0-10	较好	9	9	9	9	9	9	9	9	9	9	8	8	8	7	7	6	6	6	7	7
3	清晰度（透明度）	较模糊	0-10	较清晰	8	8	8	8	8	8	9	9	9	9	9	9	9	9	9	9	9	9	7	7
4	染色	较多染色	0-10	较少染色	8	8	8	9	8	8	8	9	9	8	9	9	9	8	8	7	7	7	8	8
5	坚硬度（低频）	坚硬或松散	0-10	适中	9	9	9	8	8	9	9	9	8	9	8	8	8	8	8	7	7	7	8	8
6	丰满度（中频）	单薄或紧绷	0-10	适中	9	9	9	8	7	8	9	9	9	9	9	8	8	8	8	8	6	6	7	7
7	光泽度（高频）	暗淡或明亮	0-10	适中	9	9	9	8	9	7	9	9	8	8	9	8	9	8	8	6	6	6	7	7
8	鲜活度（延伸）	较死板	0-10	较鲜活	9	9	9	9	8	9	8	8	8	8	8	8	7	7	7	6	6	6	7	7
9	动乐质感	较差	0-10	较好	9	9	9	9	9	9	9	9	8	9	8	8	8	7	7	6	6	6	8	8
10	人声准确度	不准确	0-10	较准确	9	9	8	8	8	8	8	8	8	8	9	8	8	8	6	6	6	6	8	7
11	动态范围	较小	0-10	较大	9	9	8	8	8	9	9	8	8	8	8	8	8	8	8	8	8	8	8	8
12	瞬态响应（速度感）	较慢	0-10	较快	8	8	8	8	9	8	9	8	8	9	9	9	9	9	9	9	9	9	8	8
13	细节还原（解析能力）	缺少细节	0-10	细节丰富	8	8	8	8	8	9	8	8	8	9	8	8	9	9	9	9	9	9	8	8
14	声场宽度	较窄	0-10	较宽	9	9	9	9	9	9	9	8	9	9	9	8	8	7	7	6	6	6	7	7
15	声场深度	较浅	0-10	较深	9	9	9	9	9	9	9	9	9	9	8	8	8	8	7	7	7	7	8	8
16	定位准确度	不准确	0-10	准确	10	9	9	9	8	8	8	8	8	9	9	8	8	8	8	8	7	7	7	7
17	层次感	层次不清	0-10	层次分明	9	8	9	8	7	7	8	8	7	8	9	8	8	8	8	8	8	8	8	8
18	空间感	较压抑	0-10	较丰满	9	9	10	9	8	8	7	7	7	7	6	6	6	5	5	5	4	4	6	6
19	凝合力	不太柔密	0-10	较浓密	10	10	10	9	9	9	8	8	7	8	7	7	7	6	6	6	5	5	6	6
20	综合表现	不太喜欢	0-10	较喜欢	10	10	10	9	9	9	9	9	9	9	7	7	7	7	6	6	5	5	6	6
	总得分		0-200		179	177	175	168	166	166	170	170	168	172	166	164	158	153	148	138	133	133	144	144
	评级				A+++	A+++	A+++	A+	A+	A+	A++	A++	A+	A++	A+	A	A-	B+	B	C+	C	C	B-	B-

表 4.12　其他品牌 LS3/5A 评分及评级结果

序号	评价指标	负面评价	正面评价	分值	Chartwell 方背标 001~400	Chartwell 圆角背标 401~4600	Chartwell SC编号 SC001A&B SC1500A&B	Audiomaster 铝背标一期	Audiomaster 铝背标二期	Audiomaster 黑背标	RAM	Goodmans	Spendor	Spendor	Harbeth	KEF	Richard Allan
				阻抗/Ω	15	15	15	15	15	15	15	15	15	11	11	11	11
1	色调冷暖	较冰冷	较温暖	0~10	8	8	7	8	8	7	7	6	6	6	7	7	6
2	音色	较劣质	较好	0~10	9	9	8	9	8	7	7	7	7	7	8	8	7
3	清晰度（透明度）	较模糊	较清晰	0~10	9	9	9	8	8	8	8	9	9	8	8	8	7
4	染色	较多染色	较少染色	0~10	9	9	9	8	8	8	7	8	8	8	8	8	7
5	坚硬度（低频）	坚硬或松弛	适中	0~10	9	8	8	9	8	8	8	7	7	7	8	7	7
6	丰满度（中频）	单薄或浓郁	适中	0~10	9	8	8	9	8	8	8	7	7	7	7	7	7
7	光泽度（高频）	暗淡或明亮	适中	0~10	9	9	8	9	8	8	8	7	7	7	7	7	7
8	鲜活度（混响）	较死板	较鲜活	0~10	9	8	7	8	8	7	7	7	6	6	8	7	8
9	弦乐质感	较差	较好	0~10	9	9	8	8	8	7	7	7	7	7	8	8	7
10	人声准确度	不准确	较准确	0~10	9	9	8	8	7	8	7	8	7	8	8	8	8
11	动态范围	较小	较大	0~10	8	8	8	8	8	8	8	8	7	7	8	8	7
12	瞬态响应（速度感）	较慢	较快	0~10	8	9	8	8	8	8	8	9	9	8	8	8	8
13	细节还原（解析能力）	缺少细节	细节丰富	0~10	8	8	8	8	8	8	7	9	9	8	8	8	7
14	声场宽度	较窄	较宽	0~10	8	8	7	8	8	7	7	7	6	6	7	8	7
15	声场深度	较浅	较深	0~10	9	9	8	9	8	8	8	7	7	8	8	8	8
16	定位准确度	不准确	准确	0~10	9	8	8	7	7	8	8	8	8	8	8	8	7
17	层次感	层次不清	层次分明	0~10	8	9	8	9	8	8	8	8	7	8	7	7	7
18	空间感	较压缩	较丰满	0~10	7	6	6	8	7	6	6	5	6	6	7	7	6
19	亲合力	不太亲密	较亲密	0~10	8	8	6	8	7	6	6	5	6	6	7	7	6
20	综合表现	不太喜欢	较喜欢	0~10	9	9	7	8	7	7	7	6	6	7	7	7	7
	总得分			0~200	171	168	156	165	155	150	146	144	142	142	151	148	144
	评级				A++	A+	A-	A+	A-	B+	B	B-	B-	B-	B+	B	B-

4.17.4　器材最佳搭配实践

每个人都有自己的偏好，我很清楚器材搭配不会有标准答案，本节汇总了一部分 LS3/5A 长期用户的搭配偏好，他们认为这些配置是最佳搭配，供各位读者参考，见表 4.13。表中的任何一位用户的搭配都只是一份指导性的建议，并不代表您也必须这样做。

表 4.13　器材搭配最佳实践

用户	音源（CD）	前级	后级	音箱	表现描述
北京张先生	Studer A730	Marantz 7	McIntosh MC240	BBC LS3/5（9Ω）（复刻版）	大气磅礴
北京杨先生	Studer A730	Bell & Howell 614 CBRM 电子管前级	Leak TL12.1	Rogers 大金牌 LS3/5A（15Ω）	虎震龙威
武汉周先生	Lindemann 1se	Fisher 50C	Leak TL25	Chatwell 银牌 LS3/5A（15Ω）	刚柔并济
南京郭先生	Naim CDS	Naim 52	Naim 180	Chatwell 银牌 LS3/5A（15Ω）	中正精准
杭州徐先生	Studer A725	Studer A80 表桥前级	PU325+PA352（录音室用雀仔牛分体电子管机）	Chatwell 银牌 LS3/5A（15Ω）	壮气凌云
深圳张先生	Naim CDS	Naim 52	Naim 135	LISXON LS3/5（15Ω）	惟妙惟肖
广西刘先生	LINN KARIK	Musical Fidelity Primo	Musical Fidelity Primo50	LISXON LS3/5（15Ω）	雄姿英发
北京吴先生	Ayre C-5xe	Fisher 50C	Audiomaster-11a	BBC LS3/5（9Ω）（复刻版）	气壮山河
北京段先生	MIMETISM AUDIO-MA 20.1	Chord CPA5000	DB matrix 211	LISXON LS3/5（15Ω）	细腻精准
北京栾先生	Studer A730	Fisher 50C	Leak TL10.1	Rogers 小金牌 LS3/5A（15Ω）	细密精致

我的好友栾帆教授除了客厅的主系统之外，在他的书房中另外搭建了一套小型音响系统，他在工作时通常需要美妙的背景音乐来陪伴，以下是从他的视角给出的诠释，分享给大家。

如何为 LS3/5A 寻找搭配合适的功放，在音响圈内都快成为一门"显学"了。如果说要寻找一套价格便宜又能够很好展示 LS3/5A 特色的功放，我个人特别推荐和认可英国 Quad 33 前级和 303 后级的组合。

根据我查到的资料记载，它诞生于 1967 年，正好是电子管设备刚刚开始全面退出市场，晶体管设备风起云涌的时候。体积小，重量轻，却又拥有极其浓郁的胆味，声音温暖却又富含感情，但是也不乏晶体管的速度感。它外观典雅含蓄，非常有那个时代的美感特征，雅灰色的机身，橘红色的装饰

几乎是神来之笔，和 LS3/5A 风行的那个音响时代特别搭配（虽然这套前后级面世的时候 LS3/5A 还没有诞生）。

它推动 LS3/5A 发出的声音是温暖的，富有感情的，娓娓道来，不疾不徐。高频虽然谈不上靓丽但是绝不刺耳，低频谈不上沉厚但并不欠缺，一切都和 LS3/5A 音箱的本来面貌一样，为那浓浓的音乐感情服务，充分呈现 LS3/5A 的音乐美感。个人觉得 Quad 33 前级和 303 后级已经基本上能够表现出 LS3/5A 的正常功力了，高频略微暗一些，中频一如既往的温润浓郁，低频也是有模有样。我也曾经用价格高它十倍以上的现代晶体管前后级来推动，却很容易把 LS3/5A 推死，高低频都有了，却美感全无，如同一个没读过多少书的艳俗女子，看一眼可以，却丝毫没办法相处。

如果只是为了安心听音乐，而不在音响性上有更多的追求的话，Quad 33 前级和 303 后级搭配一对黑牌 LS3/5A，再加上一台说得过去的音源，3 万元以内已经可以很好地欣赏音乐了。在我听过的几十套 LS35A 组合中，丝毫不觉得这套廉价的前后级古董功放搭配 LS3/5A 有什么问题。尤其是在当今音响产品的定价好像是随意在价签上加几个"0"的时代，整套 Quad 33 前级和 303 后级加起来，在现在的二手市场上，品相不错的也才四五千元，和现代音响相比几乎是"白菜价"。

这套组合在我的书房里时常鸣放，在我读书、写作的时候，经常一开机是四五个小时，却丝毫不觉得疲惫。我想，一套音响器材最大的价值，就在于这样的陪伴吧。

Quad 33 前级和 303 后级如图 4.77 所示。

图 4.77　Quad 33 前级和 303 后级

4.18　几款备受推崇的 LS3/5A 适配器材

4.18.1　经典古董器材

4.18.1.1　Marantz 7 前级放大器

Marantz 7 是一款由音频行业先驱 Saul Marantz（索尔·马兰士）设计的经典且备受推崇的电子管前级放大器，在 1958 年首次推出，具有温暖、柔和的声音特性，给音频信号带来独特的色彩和丰富的细节。这款前级放大器在当时就取得了巨大的成功，不仅在家庭音响系统中广受欢迎，还在专业音频领域得到了应用，被认为是音响历史上最具标志性和最有影响力

的设备之一。

Marantz 7 被认为是当时音频技术的巅峰之作，它奠定了 Marantz 作为高品质音频设备制造商的声誉。该型号也对后来的音响设计产生了深远的影响。从表达音乐的感染力看，迄今还没有一部前级敢说超越 Marantz 7。发烧友一致认为其出色的音质与现在的放大器相比，丝毫没有古老的感觉，依旧是一款极佳的前级放大器。

Marantz 7 前级放大器如图 4.78 所示。

图 4.78　Marantz 7 前级放大器

4.18.1.2　Fisher 50C 前级放大器

Fisher 50C 被视为音响历史上声音表现卓越的经典之一，是 20 世纪 50 年代由美国 Fisher Electronics（飞燕电气）公司制造的一款经典电子管前级放大器。音响爱好者将其视为珍品，它代表了当时高品质音响设备的巅峰。

Fisher 50C 赋予声音温暖、柔和的特性，这种特点在音乐表现上增添了一层自然和情感，使听众能感受到音乐的真实性。该前级放大器能够展现丰富多彩的音色，它可以捕捉到音乐中的细微差别，使不同声音在听觉上更加鲜活。它在不过度强调任何频段的情况下呈现音乐的整体平衡，使听众仿佛置身于现场演出，意味着它不仅仅是对声音的再现，更是对音乐的情感和意境的深刻表达。

Fisher 50C 前级放大器如图 4.79 所示。

图 4.79　Fisher 50C 前级放大器

4.18.1.3　LEAK TL 12.1 功率放大器

LEAK TL 12.1 是 英 国 著 名 的 LEAK 公 司 于 1948 年推出的一款单声道旗舰级功率放大器，LEAK 公司一直以制造高品质音响设备而闻名，而 TL 12.1 更是该公司的里程碑作品，如今已成为音响历史上的标志性产品。

该放大器采用三级推挽线路设计，整机采用大环路负反馈设计，总谐波失真度小于 0.1%，这在当时是绝对领先的水平，即使放到今天，其性能仍然非常出色。TL 12.1 的低失真度得益于其先进的设计理念、严格的材料选择和精细的生产工艺。

TL 12.1 一经推出便获得了广泛好评，并于 1951 年被英国广播公司（BBC）选为标准设备，BBC 为内部使用购入了许多定制版本的 TL 12.1，GEC、EMI 等其他专业机构也向 LEAK 定制了这款设备。

TL 12.1 虽然只有 12W 功率输出，但其表现从

容不迫，气势如虹，丝毫不亚于现代的上百瓦大功率晶体管功放。重要的是其温暖、柔和的音质和音乐性能够为音乐增添情感，使乐曲更加动人；丰富的音色，使不同乐器的声音更加生动；声音层次丰富，使乐曲听起来更加立体和自然。尽管它在细节方面不像现代晶体管功放那样突出，但它能够以一种平衡的方式呈现音乐的细节，而不会过于尖锐或冰冷。

多年来，TL 12.1 一直被视为世界上最好的放大器之一，其精湛的工艺始终被人们所称道，奢华的用料保证了其动力源源不断，对于音乐的完美诠释更是巩固了其经典地位。

LEAK TL 12.1 功率放大器如图 4.80 所示。

4.18.1.4　McIntosh MC240 功率放大器

McIntosh MC240（图 4.81）是 McIntosh（麦景图）公司在 1960 年推出的一款电子管立体声功率放大器。与 McIntosh 家族其他型号一样，MC240 采用了取得专利的双线并绕输出变压器和"统一耦

图 4.80　LEAK TL 12.1 功率放大器

图 4.81　McIntosh MC240 功率放大器

合"输出电路设计。输出变压器实际上有两个初级绕组：一个连接于输出阴极之间，另一个连接于输出板之间，目的是减少漏感造成的失真。

　　作为 McIntosh 电子管立体声功率放大器系列（MC225、MC240 和 MC275）的中间型号，MC240 为每个通道提供 40W 的功率输出，其频率响应在 16Hz 至 40kHz 范围内小于 ±0.1dB，额定功率下的失真度小于 0.5%。它的设计允许用户在立体声输出、双放大器输出或单声道（80W）模式之间灵活切换，因此具有更广泛的适应性。

　　MC240 拥有独特的设计和精良的制造品质，其温暖、丰富、自然、富有层次感和极强表现力的声音特质在音响发烧友中享有很高的声誉，也因此确立了经典地位。之所以选择介绍 MC240，是因为对于中小型音箱来说它的适配性很好，声音在细节展现和大动态之间取得了最佳平衡而极具音乐性，被认为非常适合驱动 LS3/5A，在大多数音响发烧友看来，McIntosh 家族中的 MC225 和 MC275 具有同样优秀的表现。

4.18.2　广受好评的现代器材

4.18.2.1　K6 合并放大器

K6 合并放大器是北京关氏音响公司于 1989 年专门针对 LS3/5A 开发的，也是关遒炘先生的开山之作。该产品的原始电路设计基于美国 DYNACO ST70。每个声道搭载两只 6L6 电子管，提供 25W 的额定输出功率，其魅力历经 30 多年竟然丝毫不减。在国内有多年"发烧"经验的爱好者群体中有一个普遍共识——K6 是英国书架音箱的最佳搭配之一，这是由于关遒炘先生在研发 K6 之初就确定搭配英国书架音箱，尤其是搭配 LS3/5A 来播放古典音乐。

关遒炘先生的父亲和哥哥都是知名的音乐艺术家，他本人也是一位学识渊博的西方古典音乐爱好者，K6 的开发更多地倾注了实际的聆听感受，而不是以电声指标为主导，这可能也是 K6 长久不衰的致胜法宝。

如今，K6 由音乐精灵复产，其元器件布局和机箱内部走线均经过优化，旨在降低底噪并新增了 15Ω 的输出端口，而其电路架构保持未变。

音乐精灵 K6 合并放大器如图 4.82 所示。

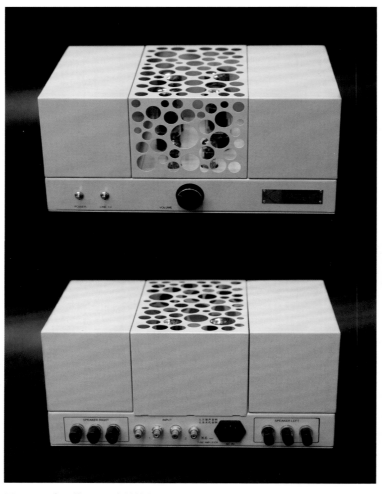

图 4.82　音乐精灵 K6 合并放大器

4.18.2.2　拉菲尔 DP34II 和 1619 合并放大器

天津拉菲尔是国内知名的电子管功放品牌，品牌名取自意大利文艺复兴时期三杰之一的拉斐尔（Raphael）。创始人冯刚先生是一位艺术修养深厚的工程师，他根据 LS3/5A 的阻抗特性特别设计了拉菲尔 DP34 II 和 1619 两款电子管放大器。自推出以来，这两款放大器赢得了广大 LS3/5A 爱好者的一致好评。

DP34 II 是一款推挽式电子管合并放大器，专为 LS3/5A 的独特高阻抗（11Ω 与 15Ω）重新设计了全耦合输出变压器（区别于原始的 DP34 设计，后者仅提供 4Ω 与 8Ω 输出）。拉菲尔 DP34 II 全部采用进口电子管，选用 5AR4/5U4G 作为整流管，一只 E88CC/6DJ8 和两只 12AT7/ECC81/6201 用于电压放大，每个声道使用两只 EL34 电子管进行推挽式放大，输出 28W 的额定功率。通过机身外部装置可以调整 4 只功率管的工作电流，便于更换不同品牌的电子管并调整至更佳的平衡度和整体性能，以满足 LS3/5A 音箱对搭配功放的高标准要求。

拉菲尔 DP34 II 合并放大器如图 4.83 所示。

图 4.83　拉菲尔 DP34 II 合并放大器

拉菲尔还设计了一款较为稀有的 1619 电子管放大器。此款放大器采用传统的电子管线路设计，配置了两只铁壳 5Z4 军用电子管作整流，两只铁壳 6J7 军用电子管驱动两只 1619 作推挽输出用于第一级放大，两只铁壳军用 6J5 电子管驱动两只 1619 电子管作推挽式输出。整机两声道共使用 4 只 1619 军用铁壳直热功率管（1619 管原为军用通信设备所用，以其低功耗和中等功率输出特性著称，最大的特点是直热式和高输出电压，带来更优的性能，声音通透且音质纤细）。采用全电子管整流设计，输出阻抗为 8Ω 和 16Ω，同样适合与 LS3/5A 及 BBC 系列其他高阻抗音箱搭配使用。机身和网罩选用烤漆工艺，搭配全铁壳电子管，整体设计更显高端，极具复古工业风格。

拉菲尔 1619 合并放大器如图 4.84 所示。

图 4.84　拉菲尔 1619 合并放大器

4.18.2.3 高班 Goalbon LS-35 合并放大器

高班 Goalbon LS-35 是由深圳高班音响有限公司专为 LS3/5A 音箱定制的合并式电子管放大器，独特的输出变压器提供 8Ω、11Ω、15Ω 三组负载阻抗输出，以适应不同版本 LS3/5A 的阻抗。该放大器因其杰出的音质表现及良好的控制力，深受 LS3/5A 爱好者的喜爱。

高班 Goalbon LS-35 整机造型极具工业美感，在元件筛选及制作工艺上也非常严谨，考究的机内布线极大降低了设备的底噪。每声道配备两只 EL34 电子管作推挽式放大，提供 35W 的有效输出功率。良好的阻抗匹配和极低的信噪比，极尽所能地挖掘 LS3/5A 的潜能。

高班 Goalbon LS-35 合并放大器如图 4.85 所示。

图 4.85 高班 Goalbon LS-35 合并放大器

4.18.3 经典的 Foundation Designer II 24 英寸脚架

谐振点调声是 Hi-End 玩家最终都无法避免的环节和手段。作为一个系统的终端——音箱，是一个系统整体调声和各种玩法所依赖的参考点，而音箱脚架则成为这个参考点的基础之基础，也就是资深玩家所公认的"脚架是书架音箱的半条命"一说之由来。

众所周知，Foundation（范天臣）在书架音箱玩家中享有盛名，可谓"无人不知，无人不晓"。Foundation 是众多音响发烧友所膜拜的"架皇"，其产品以经典的设计、沉稳坚实的底盘、多年调声经验沉淀的特殊配方及复合物料应用而出名，带来卓越的平衡度、线性的频宽与和谐的泛音，构建起端正且富有人性的音乐结构和基调，极具实体感的能量回放，使其成为百搭皆宜、潜能尽放的音乐基石。

Foundation Audio（范天臣声学）由 Cliff Stone（克里夫·斯通）1979 年在英国创立，早期开发的单柱金属音箱脚架广受欢迎，并以 Classic 命名。多年来，Foundation Classic 一直被视作脚架标杆，被其他品牌的同价位脚架对比、参照。

Cliff Stone 耗时两年开发出独门配方 Formula Fill，这是一种用于填充音箱脚架的混合材料，该材料可以去除多余的共鸣，吸收箱体产生的部分振动，使音箱的自然声音更加开扬，而不改变其原有声底。由于 Cliff Stone 的杰出贡献，英国艺术家联合会（FBA）于 1985 年授予他年度最佳配件奖。

1996 年，Cliff Stone 将 Foundation Audio 公司出售给位于加拿大安大略省马卡姆的高端音箱制造商 Focus Audio（枫叶之声）。Focus Audio 继续秉承 Foundation 产品和设计的核心理念，而 Cliff Stone 留下来担任后续产品的独家顾问。并购伊始，Cliff Stone 便对 Classic 和 Designer 系列脚架进行改进。新产品的表现超越了旧款，它们被称作 Classic II 和 Designer II。从此新品脚架开始在加拿大生产。

对于 LS3/5A 的最佳脚架选择，广泛认可的是 Foundation Designerr II 24 英寸脚架（4 柱、60cm 高），如图 4.86 所示。Designer II 的上面板尺寸 187×162（mm），被认为是专为 LS3/5A 设计的，多年来一直是 LS3/5A 爱好者的首选。

图 4.86 经典的 Foundation Designer II 24 英寸脚架

第 5 章
LS5/5 监听音箱

5.1 简介

LS5/5 由 BBC 研发部的 Harwood 和 Spencer 于 1965 年联合开发完成，是世界上第一款真正意义上摆脱纸盆，采用 BBC 自行研发的 Bextrene 锥盆单元的高质量监听音箱，具有划时代的里程碑意义。

LS5/5 采用三分频设计，配置了 12 英寸 Bextrene 低音单元 LS2/1、8 英寸 Bextrene 中音单元 LS2/2 以及 Rola Celestion HF1400 高音单元，其分频器设计极其复杂。特别是，前面板上低音单元与中音单元采用方形槽口式开孔，而非常见的圆形开孔，旨在控制驱动单元在分频区域产生更平滑的离轴频率响应，这一技术虽在当代很少见，但早年间被 BBC 等机构广泛采用。

BBC 将 LS5/5 与 LS5/1A 和更早的 R.M.L. 音箱进行了比较，R.M.L. 被包括在内是因为一些观察者认为它优于 LS5/1A。测试由经验丰富的操作人员和节目工作人员执行，覆盖了语音、混响环境以及录制和现场管弦乐（Maida Vale 1 号录音室）等多种类型。在现场音乐测试中，在绿室和声音控制室轮流检查音箱，这两个控制室都直接与录音室交流，因此可以与现场节目进行直接比较。听音测试表明 LS5/5 在重现人声及乐器声方面的表现几乎完美，比 LS5/1A 和 R.M.L. 要出色得多。

LS5/5 设计有两种变体：LS5/5，落地式，矩形箱体装于底座上；LS5/6，悬挂式，箱体呈菱形。初期 BBC 委托 KEF 负责 LS5/5 的制造，中音和低音驱动单元也出自 KEF，后期 Spendor 似乎参与了 LS5/5A 和 LS5/5B 的制造。

LS5/5 从未进行过商业化生产，如今我们很少能在二手市场上见到它们，更不用说听到了。机会总是留给有准备的人，经过多年的寻觅，我在 2021 年底从芬兰一位收藏家手中找到一对并高价买下，因此各位读者才有机会进一步窥探 LS5/5 的真容……

图 5.1~ 图 5.3 分别展示了 BBC LS5/5 的外观、背标和内部结构。

图 5.1　BBC LS5/5 外观

图 5.2　BBC LS5/5 背标

图 5.3　BBC LS5/5 内部结构

5.2　技术规格

类型：三分频倒相书架音箱

驱动单元：LS2/1 低音单元，LS2/2 中音单元，
　　　　　Rola Celestion HF1400 高音单元

分频频率：400Hz，3.5kHz

频率响应：50Hz~15kHz ±3dB

灵敏度：88dB/W/m（2.83V）

标称阻抗：25Ω

放大器要求：25W

最大响度：103dB（A）@1.5m

尺寸：660mm×350mm×430mm（高、宽、深）

重量：35kg/ 只

BBC LS5/5 典型轴上频率响应曲线如图 5.4 所示。

BBC LS5/5 典型阻抗幅值曲线如图 5.5 所示。

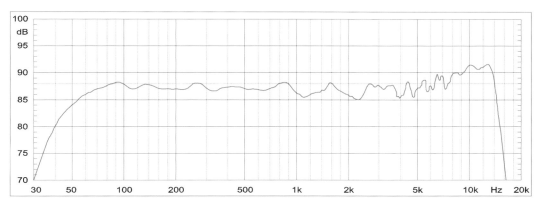

图 5.4　BBC LS5/5 典型轴上频率响应曲线

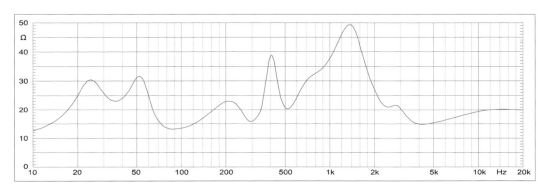

图 5.5　BBC LS5/5 典型阻抗幅值曲线

BBC LS5/5 分频器 FL6/11 电路图如图 5.6 所示。

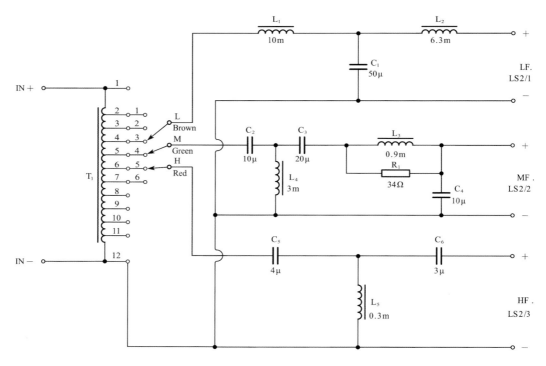

图 5.6　BBC LS5/5 分频器 FL6/11 电路图

5.3　主观评价

　　LS5/5 的失真极低，其中频比 LS5/8 更饱满且密实，声音宽松自然，并具有磁性。立体声成像相当精准，虽然动态表现不如 LS5/8 那样凌厉，但恰如其分，场面宽阔壮观，对古典音乐和人声的表现近乎完美，堪称我听过的音箱中表现最佳的。

　　LS5/5 在当年是 BBC 的旗舰监听音箱，是顶尖技术与现场实时比较相结合的产物。听音测试显示，LS5/5 能够对人声和乐器声几乎完美重现。BBC 几十年来一直利用 LS5/5 进行话筒校准，确保话筒达到 BBC 的技术规范，可见 LS5/5 在 BBC 的重要地位。在当年，BBC 利用 LS5/5 录制几乎所有类型的音乐，它能够很好地诠释演奏家的表达意图，在古典音乐的重现方面尤其擅长。至今，许多曾在 BBC 工作的前职员依然坚信，LS5/5 是 BBC 乃至全世界最好的音箱。音量不够大而无法适应摇滚音乐时代的到来被视为 LS5/5 的唯一缺点，于是 BBC 推出了 LS5/8。

第6章
LS3/6 监听音箱

6.1 简介

LS3/6 音箱大约在 1969 年，稍晚于 LS3/5 开发出来。最初的 LS3/6 采用二分频设计，如图 6.1 所示。除了外形，其配置与 LS3/4 几乎完全相同，旨在满足无需特别高声压级场合的高质量监听需求。

该型号由 Spencer 在完成 Spendor BC1 后，应 BBC 要求开发。这一点可以从 Spencer 写给用户的信件中了解到。与 LS5/5 相比，LS3/6 可放于更接近听音者的位置，非常适合户外转播车等场所。设计采用了 BBC 研发部制造的 8 英寸低音单元和 Celestion HF1300 高音单元，配合专为 LS3/6 重新设计的分频器，其中一大变化是增加了一个大型多抽头自耦变压器，用于调整两个单元间的电平，这是 BBC 当时的常规做法。

LS3/6 在 BBC 的许可下由 Rogers Developments 制造，与此同时，LS3/6 在 Rogers 的建议下增加了 Celestion HF2000 超高音单元，演变为三分频设计，如图 6.2~ 图 6.4 所示。Rogers 生产的 BBC Studio Monitor Speaker （LS3/6）是最早被商品化的 BBC 监听音箱。

不幸的是，LS3/6 对 Rogers 而言制造难度极大，尤其是低音单元部分。更糟糕的是，这款低音单元在使用中被证明非常不可靠，纸质音圈成型器被认为是问题之一。BBC 严苛的规范要求导致产量低下，高昂的制造成本及低音单元的不可靠性间接导致了 Rogers Developments 的破产。Swisstone Electronics 接手 Rogers 后，果断停止了 LS3/6 的生产。与此同时，基于 LS3/6 开发的衍生型号 Export Monitor 在商业上取得了巨大成功，但未获 BBC 授权，这是 Swisstone 的单方面商业行动，与 BBC 无关。

图 6.1　最初采用二分频设计的 LS3/6 外观（左）和内部（右）

图 6.2　Rogers LS3/6 外观

图 6.3　Rogers LS3/6 背标

图 6.4　Rogers LS3/6 内部

　　图 6.5 展示了 FL6/22 分频器的细节，体现出其严谨的工程设计。其中的多抽头自耦变压器尺寸庞大且重量不轻，反映出其制作的复杂性，相应的

成本一定非常高昂。三角形的 PCB 用于超高音单元，这是在改为三分频设计后新增的部分。

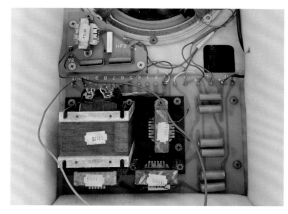

图 6.5　Rogers LS3/6 FL6/22 分频器

　　Chartwell 生产了 12 对特别限量版 LS3/6，背标上明确标注了是在 BBC 授权下制造的。至于 Chartwell 何时获得 LS3/6 的生产许可，目前我无法获取具体信息，但这些实物的确存在，如图 6.6~图 6.8 所示。

图 6.6　Chartwell LS3/6 外观

图 6.7　Chartwell LS3/6 背标

图 6.8　Chartwell LS3/6 分频器

6.2　技术规格

类型：三分频倒相书架音箱

驱动单元：LS2/4 低音单元，LS2/5 高音单元，

Rola Celestion HF2000 超高音单元

分频频率：3kHz，13kHz

频率响应：50Hz~14kHz ±3dB

灵敏度：约 86dB/W/m（2.83V）

标称阻抗：15Ω（还有 8Ω 及 25Ω 版本）

放大器要求：25W

最大响度：100dB @ 1.5m

尺寸：660mm×300mm×300mm（高、宽、深）

重量：14kg/ 只

LS3/6 典型轴上频率响应曲线如图 6.9 所示。

LS3/6 典型阻抗幅值曲线如图 6.10 所示。

LS3/6 还有 8Ω 和 25Ω 版本，不同的阻抗是通过在自耦变压器上选择不同的抽头来实现的，不需要其他改变。8Ω 版本仅推荐与低功率的放大器配合使用。

LS3/6 分频器 FL6/22 电路图如图 6.11 所示。

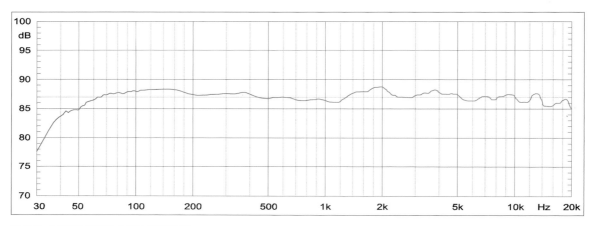

图 6.9　LS3/6 典型轴上频率响应曲线

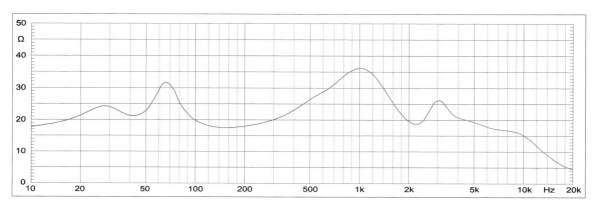

图 6.10　LS3/6 典型阻抗幅值曲线

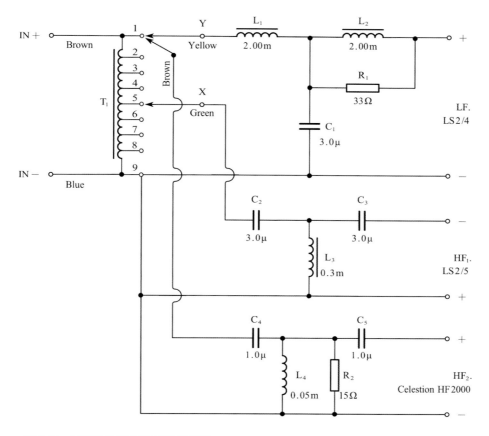

图 6.11　LS3/6 分频器 FL6/22 电路图

6.3　LS3/6 的维修

　　如前所述，原始BBC设计的低音单元相当脆弱，时至今日仍能正常工作的原装低音单元极为罕见，如果您的 LS3/6 仍配有原装的低音单元，务必将音量调小以避免损坏！

　　目前二手市场上很多 LS3/6 已经更换过低音单元。在 20 世纪 70 至 80 年代，Rogers 通常采用 Dalesford 定制的低音单元来替换损坏的原装低音单元，如图 6.12 所示。此后，Rogers 常用自己设计的 11Ω 低音单元替换，这些低音单元相较于原始设计更为可靠，但听感上与原始的 BBC 设计并不完全一致。

Rogers Export Monitor——LS3/6 的衍生品

　　1976 年初，Rogers 在易主至 Swisstone 后，决定不再继续生产难以制造且低音单元易损坏的 LS3/6，虽然 LS3/6 非常好。同时，基于 LS3/6 开发了非 BBC 许可的 Export Monitor，如图 6.13 所示。该产品利用 LS3/6 剩余的箱体和分频器库存，低音单元更换为 Dalesford 定制的替代品，这在一定程度上降低了成本，提高了功率处理能力，并减少了对 Celestion HF1300 高音单元的依赖。尽管 Dalesford 低音单元的听感不如 LS3/6 上 BBC 设计的 LS2/4 单元那么出色，但 Export Monitor 在市场上取得了巨大成功。此后 Export Monitor 经过多次迭代（包括低音单元、高音单元、超高音单元和分频器的变更），最终在 1980 年发展成更低成本的 Studio 1。

图 6.12　低音单元替换成 Dalesford 低音单元的 LS3/6

图 6.13　Rogers Export Monitor 音箱内部

6.4　主观评价

　　状态良好的 LS3/6 展现出非常典型的 BBC 风格，声音甜美且透明度高，既温暖又准确。其音乐线条清晰，层次感良好，对人声、古典音乐以及动态不大的音乐作品都有极好的诠释，尤其擅长播放钢琴和弦乐重奏等室内乐作品。鉴于低音单元的耐受能力有限，不建议在大音量或大动态条件下使用。

第 7 章
LS5/8 监听音箱

7.1 简介

LS5/8 是 BBC 设计的旗舰监听音箱，旨在替代声压不够大的 LS5/5，以适应摇滚音乐时代的需求。LS5/8 引入了多项创新特性，尤其是在锥盆材料的选择上，采用聚丙烯取代了 Bextrene。由于聚丙烯质地轻盈且在机械上比 Bextrene 具有更高的损耗性，因此不需要额外的阻尼材料，极大降低了移动质量，使得灵敏度相比使用 Bextrene 材料的单元(如 LS 2/1) 提高了大约 4dB。LS5/8 仅通过两个驱动单元就实现了 40Hz~15kHz 的宽广频响范围，大幅简化了设计难度，降低了开发成本。借鉴 LS3/7 的设计经验，LS5/8 也采用了电子分频技术，使用改进的 Quad 405（AM8/16）的主动式分频设计。

7.2 基本参数

类型：二分频倒相书架音箱

驱动单元：LS2/12 或 LS2/15 高音单元

　　　　　LS2/11 低音单元

分频频率：电子分频 1.8kHz

频率响应：40Hz~15kHz ±3dB

灵敏度：94dB/W/m（2.83V）

输入阻抗：16kΩ

放大器要求：AM8/16

最大响度：116dB（A）@1.5m

尺寸：760mm×460mm×400mm（高、宽、深）

重量：LS5/8 32kg/ 只，Quad 405 15kg/ 只

7.3 不同版本

最初版本由 Harwood 于 1976 年设计，采用了新研发的 305mm 聚丙烯振膜低音单元（由 Chartwell 公司提供），目的是实现更高的声压级和更低的音染。

障板上的低音单元开孔经历了一次改变，20 世纪 80 年代初的早期版本采用了长方形槽口开孔，就像 LS5/5 一样，旨在改善离轴频率响应。然而，不知何故，20 世纪 80 年代后期的量产版本，开孔设计改为了圆形槽口（推测圆形开孔并未影响 BBC 的使用），如图 7.1 所示。LS5/8 的背标特写如图 7.2 所示。

图 7.1　早期的 LS5/8（左）和量产版本的 LS5/8（右）

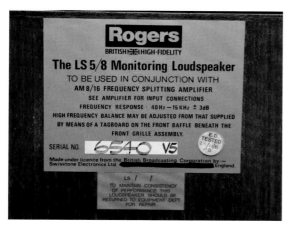

图 7.2　LS5/8 背标

AM8/16 功放的电子分频卡集成在 Quad 405 功率放大器内部，实物见图 7.3。电子分频卡上的低频提升开关可在 35Hz 处进行电平切换：0、+5dB、+8dB。LS5/8 的生产版本在箱体前障板上配置了带抽头的自耦变压器，用来调整低频和高频之间的电平平衡，调整范围：−2dB~+2dB，步进精度：0.5dB。

图 7.3　AM8/16 功放的电子分频卡

BBC 从未设计 LS5/8 的被动版本，因此在购

买二手 LS5/8 时务必留意，必须搭配集成了电子分频卡的 Quad 405 功率放大器才能正常使用。

Rogers 参考 LS5/8 开发了 PM510，如图 7.4 和图 7.5 所示。另一个版本冠以 Chartwell 品牌推出，型号为 PM450P（其实与 PM510 是一样的，此时的 Chartwell 已经被 Swisstone 收购）。虽然 Rogers 宣称 PM510 是 LS5/8 的被动版本，但从电压幅值曲线对比（如图 7.6 所示）上可以看出它们有差异，实际听觉感受也不同。

图 7.4　Rogers PM510P 实物

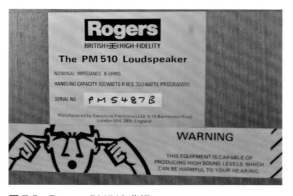

图 7.5　Rogers PM510 背标

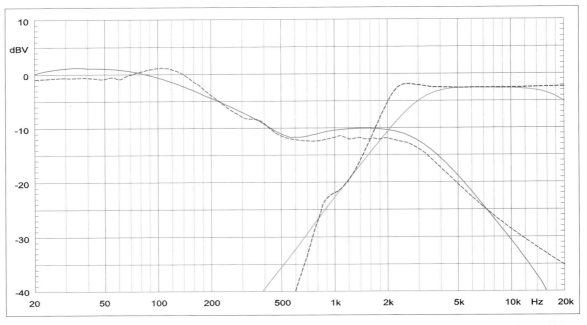

图 7.6　LS5/8 和 PM510 的电压幅值曲线对比图（红色：LS5/8 低通，绿色：LS5/8 高通，蓝色：PM510 低通，棕色：PM510 高通）

7.4　一些问题

7.4.1　低频凸出

C.D. Mathers（C.D. 马瑟斯，前 BBC 研发部工程师）于 1992 年 11 月 6 日发布的 BBC 研发部技术备忘录第 S-1149 号报告"LS5/8 监听音箱的低频性能"中公布了调查结果，确认了两个事项。

第一，导向口调谐，可以稍微改变导向口调谐频率，在 50Hz 的箱体 / 导向口调谐频率下实现更平坦的频率响应并减少群延迟；

第二，确定了在 50~250Hz 存在低频凸出约 4dB 的问题，如图 7.7 所示。

Harbeth 的 Alan Shaw（艾伦·肖）也独立发现了相似的问题。他指出低频的大范围显著凸起使 Harwood 感到非常惊讶，因为 Harwood 的原意是使 LS5/8 具有平坦的频率响应。事实上，BBC 研发部在 1979/22 报告中呈现的频率响应曲线是平坦的，

如图 7.8 所示。

我对 LS5/8 进行了一系列基本测量，测量结果与图 7.7 所示的数据大体一致，可以看到 70~300Hz 区间存在约 4dB 的抬升，并发现从 3kHz 开始高频逐渐升高，至 11kHz 时峰值幅度高达 8dB。这进一步验证了 Mathers 的调查结论。

这种低频大范围凸出的问题是如何出现的？以及多年来发生了多大的变化？这可能仍然是一个谜。无论原因如何，对于现今仍在使用 LS5/8 的人而言，关键问题是 LS5/8 不是音调准确的音箱，在典型的房间环境中它们的低频过量！

AM8/16 的电子分频卡为了补偿障板阶跃损失而提供至少 10dB 的低频提升。然而，根据测量结果，10dB 的提升过多，导致了低频 4dB 的凸出现象。实际上，仅需 6dB 的低频提升即可。通过调整分频电路中的 2 只电阻和 1 只电容，可以轻松纠正低频凸出问题，从而使频率响应更加平坦。但若进行此类调整，它便不再是 LS5/8 了，至少不再是生产版本的 LS5/8 了。

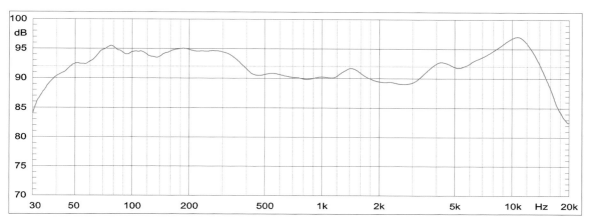

图 7.7　生产版本 LS5/8 的轴上 1m 处频率响应

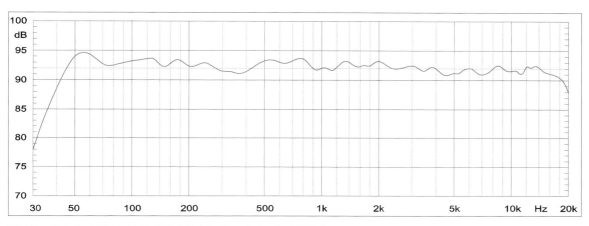

图 7.8　BBC 研发部 1979/22 报告中的 LS5/8 轴上 1m 处频率响应

7.4.2　高音单元的匹配和底噪

我自己收藏的一对 LS5/8，虽然听起来非常悦耳，但是我发现在细节展现和透明度方面不如 LS5/9，进而发现两个亟待解决的高音单元问题。

第一个问题，我发现它们立体声成像不佳。经过测量，发现两只音箱的高音单元匹配不是很好，考虑到当年 Rogers 制作时的严格品质控制，几乎可以肯定是老化原因造成的。起初我无法确定问题出在高音单元上还是 Quad 405 放大器上，还是两者皆有。

第二个问题，高音单元底噪很大，是那种非常恼人的"嗡嗡"声，我几乎可以肯定这是由于 Quad 405 放大器老化造成的。考虑到即使是最新版本的 Quad 405 也至少有 20 多年的历史了，电解电容的老化会导致很多问题的出现，常见的有"嗡嗡"声和偏离工作点造成的立体声匹配不佳。

利用假期时间，我更换了 Quad 405 中的所有电解电容，并按照维护手册的指导进行了放大器的测量和调整，最终底噪基本听不见了，高音单元匹配不佳的问题也得到了解决。这就确定了问题并非因为高音单元的老化，而是由于 Quad 405 老化所致。

7.4.3　改造方案

如果您手头恰巧有一对缺少 AM8/16 放大器的 LS5/8 音箱，不必灰心，有以下两种解决方案供您选择。

方案一，您可以根据图 7.9 所示的电路自制 AM8/16 的分频卡（我在原电路的基础上去掉了低频提升部分，这样既简化了电路设计，也有助于降低底噪，对于 LS5/8 来说低频已经严重过量了），并找两台 Quad 405 放大器进行适当改造，即可将您的音箱恢复至标准的 LS5/8。

方案二，您也可以将 LS5/8 轻松地改造为 PM510。图 7.10 是我 DIY 的 PM510 分频器实物，看起来不够美观，这主要是因为该分频器仅为试验品。出于成本方面的考虑，我没有重新开发线路板，而是使用了随手能找到的现成材料。分频器可以内置在箱体内，也可以外置。我强烈建议采用外置方式，这样不至于破坏箱体构造。它们听起来很不错，但请记住——这不是 LS5/8。

聪明的读者会联想到——也可以将手中的 PM510 按照方案一升级成 LS5/8，虽然这样做略有挑战性，但过程一定充满乐趣！

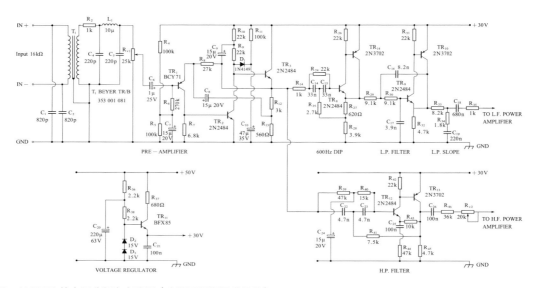

图 7.9　AM8/16 的电子分频卡电路图（去掉了低频提升部分）

图 7.10　DIY 的 PM510 分频器

7.5　主观评价

状态良好的 LS5/8 具有极低的失真，声音非常中性，几乎不带任何音染。尽管其中频密度略逊于 LS5/5，但仍保持了 BBC 一贯的温暖特质。立体声成像表现出色，无论是对于古典音乐还是大动态范围的现代流行音乐，都能提供极好的演绎。场面宽广宏大，极为宽松自然，刚柔并重，动态凌厉，是十分全面的音箱，担得起 BBC 第二代旗舰的称号。

第8章
LS5/9 监听音箱

8.1 简介

LS5/9 是由 BBC 研发部于 1981 年设计完成，并授权给 Swisstone 和 Spendor 公司生产。但似乎，Spendor 从未量产过 LS5/9，Derek Hughes 告诉我，Spender 当时的真空成型设备不支持生产 LS5/9 的低音单元振膜，制造 LS5/9 的唯一路径是向 Rogers 购买低音单元，因此，Spendor 只为特定用户提供过极少数量的 LS5/9。迄今为止看到的 LS5/9 几乎全由 Swisstone（Rogers）公司制造，生产始于 1983 年左右，一直持续至 20 世纪 90 年代。Rogers LS5/9 外观如图 8.1 所示。该音箱旨在用于不适合使用大体积的 LS5/8 的场合。BBC 研究报告

1983/10 提供了一些有价值的信息，极具参考价值。

BBC 希望 LS5/9 的主观声音表现能尽可能接近 LS5/8，因此高音单元选择了与 LS5/8 相同的 Audax HD13D34H，并加装了金属保护罩以保护振膜，该组件被命名为 LS2/15。值得一提的是，Audax 至今仍在生产 HD13D34H，但新版本的频率响应与旧版本有所不同，尤其是在高频区域。低音单元则由 BBC 全新开发，采用铸铝盆架和独特的透明聚丙烯锥盆。在开发过程中，进行了大量的内部研究，研究报告 1983/10 详细描述了实验内容，以确定最佳的锥盆轮廓和材料。同时，采用了激光干涉测量法和主观听音测试的全方位开发技术，低音单元被命名为 LS2/14，并委托 Swisstone 生产。

图 8.1　Swisstone 生产的 Rogers LS5/9 外观

8.2 基本参数

类型：二分频倒相书架音箱

驱动单元：LS2/15 高音单元，LS2/14 低音单元

分频频率：2.5kHz

频率响应：50Hz~16kHz ±3dB

灵敏度：87dB/W/m（2.83V）

标称阻抗：8Ω

放大器要求：15~100W

最大响度：105dB @ 1.5m

尺寸：460mm×280mm×275mm（高、宽、深）

重量：13kg/只

8.3　不同版本

最初，BBC 研发部发布的 LS5/9 与 LS5/8 一样采用主动设计。然而，主动版本从未投入生产，因为设计部的 Maurice Whatton 和 Trevor Newlin（特雷弗·纽林）设计的被动版本达到了与主动版本相同的性能水平。和 LS3/5A 的装配工艺一样，分频器被安装在高音单元的后方。

LS5/9 的被动版本有两个，一个是 BBC 版本，如图 8.2 和图 8.3 所示，分频器型号为 FL6/35。它采用昂贵的专用金属电感器，高音单元的电平匹配通过调整自耦变压器上的抽头来实现，这与 15Ω 版 LS3/5A 的做法相似，但更加复杂。高通部分含有两只多抽头自耦变压器，L_3 用于调整电平（每抽头 0.5dB），L_4 用于调整频率响应轮廓（每抽头 1dB）。这个版本的 LS5/9 的一个显著特征是低音单元的折环采用了黑色 PVC 材料。Michael

O'Brien 告诉我，由于生产成本过高，这个版本只生产了很少的数量，目前我发现的最大编号是 190 号，尚不确定是由 BBC 工程部自行生产还是委托给 Swisstone 生产的。

另一个版本如图 8.4 和图 8.5 所示，分频器型号为 FL6/36，在 1985 年的 BBC 部门年度报告中被提及。这个版本的 LS5/9 的显著特征是低音单元的折环变成了轻薄的透明 PVC 材料，该版本相当常见，全部由 Swisstone 制造。在二手市场上，几乎所有见到的 LS5/9 都是这个版本。BBC 在 LS5/9 设计中首次使用铁氧体电感，也是第一次采用 Spice 计算机模拟进行分频器设计。这一设计的成功也促进了重新设计 LS3/5A 分频器的工作，铁氧体电感随后被用于 11Ω 版本 LS3/5A 中。图 8.6 展示了 FL6/35 和 FL6/36 分频器的对比。

我通过对分频器的逆向工程绘制了两个版本的分频器电路原理图，如图 8.7 和图 8.8 所示。

图 8.2　BBC 版本 LS5/9 外观

图 8.3　BBC 版本 LS5/9 内部

图 8.5　Swisstone 生产的 Rogers 版本 LS5/9 内部

图 8.4　Swisstone 生产的 Rogers 版本 LS5/9 外观

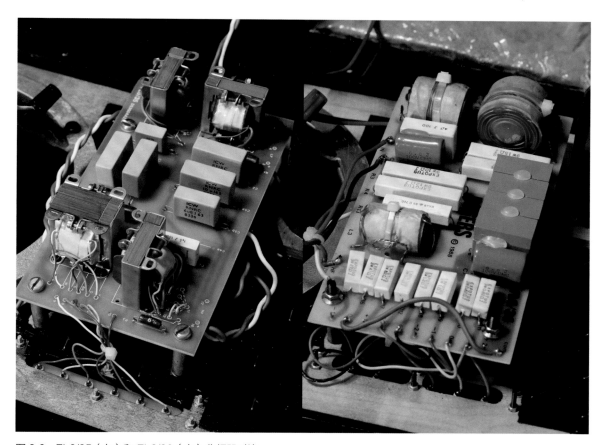

图 8.6 FL6/35（左）和 FL6/36（右）分频器对比

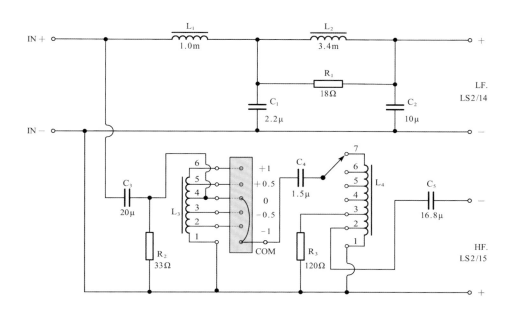

图 8.7 BBC 版本 LS5/9 FL6/35 分频器电路原理图

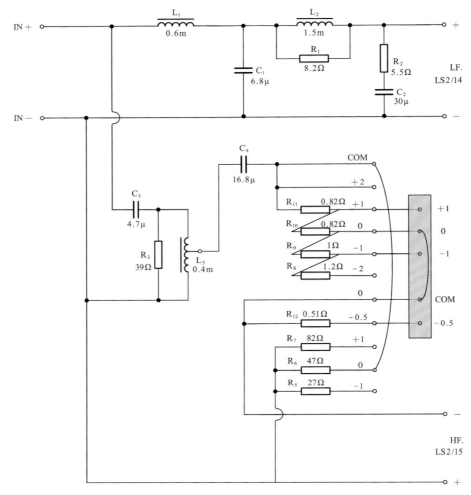

图 8.8　Rogers 版本 LS5/9 FL6/36 分频器电路原理图

8.3.1　BBC 版本 LS5/9 的频率响应及阻抗曲线

　　BBC 版本 LS5/9 典型轴上频率响应曲线如图 8.9 所示。

　　BBC 版本 LS5/9 典型阻抗幅值曲线如图 8.10 所示。

8.3.2　Rogers 版本 LS5/9 的频率响应及阻抗曲线

　　Rogers 版本 LS5/9 典型轴上频率响应曲线如图 8.11 所示。

　　Rogers 版本 LS5/9 典型阻抗幅值曲线如图 8.12 所示。

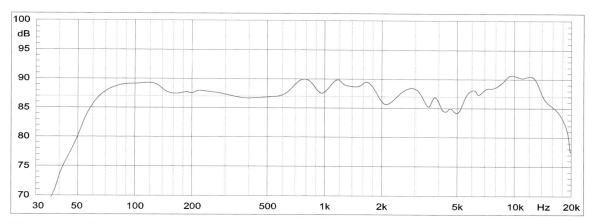

图 8.9　BBC 版本 LS5/9 典型轴上频率响应曲线

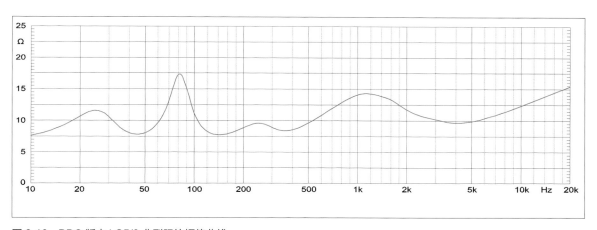

图 8.10　BBC 版本 LS5/9 典型阻抗幅值曲线

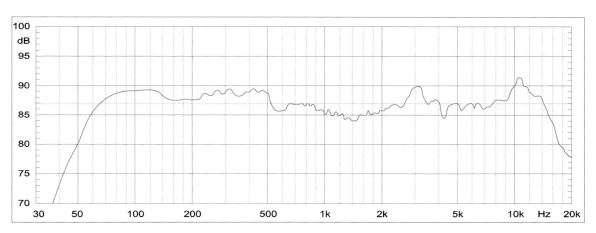

图 8.11　Rogers 版本 LS5/9 典型轴上频率响应曲线

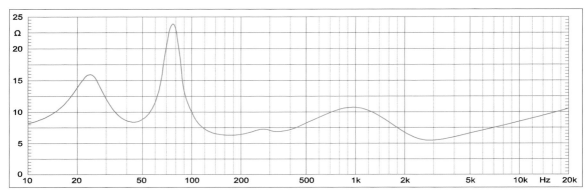

图 8.12　Rogers 版本 LS5/9 典型阻抗幅值曲线

8.4　LS5/9 的维修

　　LS5/9 的最大问题在于低音单元，锥盆容易下垂，造成音圈与极柱发生摩擦。这是一个设计问题，BBC 选择使用极其坚硬的 PVC 折环和柔顺的弹波（大多数设计中弹波较硬而折环较软），而柔顺的弹波是引起锥盆下垂的主要原因。将低音单元旋转 180° 通常能够解决这一问题，尽管也有一些爱好者反映此方法并非总能奏效。

　　对于高音单元的损坏，则不需过分担心。适合的 HD13D34H 高音单元在二手市场上较为容易获取。唯一需要注意的是，应该在专业人士的协助下进行频率响应测量，并重新调整跳线以完成电平匹配。

　　低音单元的损坏则是非常糟糕的问题，LS2/14 早已停产，市场上很难找到合适的替代品。若您考虑购买古董 LS5/9，低音单元的状况将是您面临的最大风险。

8.5　主观评价

　　LS5/9 在专业领域的声誉参差不齐，很少有专业用户听到过它们的最佳状态，更不用说音响爱好者了。虽然我不会声称它们是有史以来最好的监听音箱，但对于那些在我的工作室中聆听过它们的朋友而言，LS5/9 给他们留下了深刻的印象，其中一些朋友因此购买了 LS5/9。

　　经常有人说 LS5/9 的声音很粗糙，备受非议的原因是它比 BBC 设计的其他音箱（比如 LS3/5A）容忍度低得多，系统中任何瑕疵都将在它面前暴露无遗，摆位、脚架、音源、功放、线材以及音乐素材的质量与选择都需要认真对待。

　　LS5/9 需要每个通道至少 50W 的高质量放大器才能很好地驱动它们，从而激发出背后的巨大潜力。在搭配得当的情况下，LS5/9 的表现非常中性，所有的乐曲听起来都非常宽松自然并且没有音染。大量比较显示：LS5/9 性能的几乎所有方面都击败了著名的 LS3/5A，尤其是在中频和结像能力上更为出色，整体频响也更为平滑。唯一的缺点是 LS5/9 分辨率如此之高，以至于好的录音会表现得极其出色，但质量不佳的 CD 听起来相当糟糕。

第 9 章
我的收藏

9.1 LS3/4C

几乎所有的 LS3/4 都被应用于 MCR（移动控制车），而且从来没有进行商业化生产，因此数量非常稀少。我收藏了一对 LS3/4C 和一对原始

LS3/4 分频器。有趣的是，我特意搜寻 LS3/4 很多年但没有结果，当我不再抱有希望之后，它们却很意外地出现在二手市场。图 9.1~ 图 9.3 展示的是我收藏的 LS3/4C 监听音箱，图 9.4 展示的是我收藏的原始 LS3/4 分频器。

图 9.1　BBC LS3/4C 外观

图 9.2　BBC LS3/4C 内部

图 9.3　原始的 BBC LS3/4 背标

图 9.4　原始的 BBC LS3/4 分频器

9.2　LS3/5A

图 9.5~ 图 9.7 展 示 的 是 一 对 Kingswood Warren LS3/5（A），我于 2018 年从前 BBC 职员 Jim Finnie 手中获得。它们是 BBC 研发部的原始设计作品，处于从 LS3/5 到最终定型的 LS3/5A 之间的过渡阶段，并未包含后来 BBC 设计部引入的任何修改。Jim Finnie 坚称它们是最好的 LS3/5（A），是不受任何约束的音箱，组件需要经过繁重的人工挑选，KEF 高音单元和低音单元也需要精挑细选，约 96% 的 KEF T27 高音单元被拒绝，分频器包含更少的组件。如果 Kingswood Warren LS3/5（A）投入量产，其严格的公差要求将成为一个巨大挑战。

图 9.8~ 图 9.10 展示的是一对编号为 105 和 107 的 BBC LS3/5A，我于 2022 年从前 BBC 职员 Raplum 手中获得。在设计部完成了 LS3/5A 的最终定型，而 BBC 向外部制造商发布制造许可之前，内部生产了少量 LS3/5A，这就是其中的一对。

图 9.5　Kingswood Warren LS3/5（A）外观一

图 9.6　Kingswood Warren LS3/5（A）外观二

图 9.7　Kingswood Warren LS3/5（A）内部

图 9.8　编号为 105 和 107 的 BBC LS3/5A 外观一

图 9.9　编号为 105 和 107 的 BBC LS3/5A 外观二

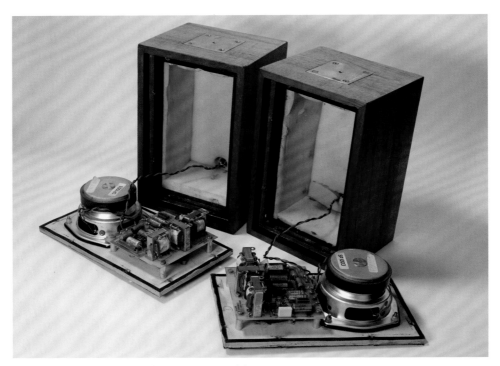

图 9.10　编号为 105 和 107 的 BBC LS3/5A 内部

　　图 9.11~ 图 9.14 展示的是一对编号为 87 和 88 的 Rogers 大金牌 LS3/5A，我于 2021 年通过海淘竞拍获得。这是 Rogers 在获得生产许可后制造的第一批 LS3/5A 中的一对。

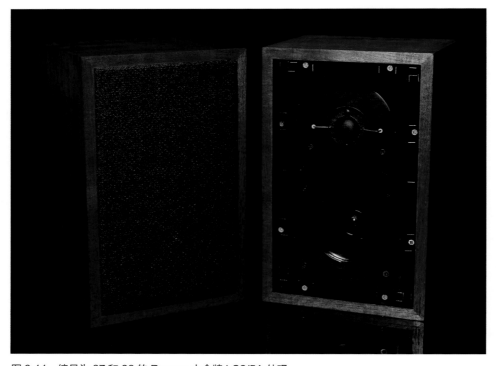

图 9.11　编号为 87 和 88 的 Rogers 大金牌 LS3/5A 外观一

图 9.12　编号为 87 和 88 的 Rogers 大金牌 LS3/5A 外观二

图 9.13　编号为 87 和 88 的 Rogers 大金牌 LS3/5A 内部

图 9.14　编号为 87 和 88 的 Rogers 大金牌 LS3/5A 分频器

　　图 9.15~ 图 9.18 展示的是一对编号为 309 和 310 的 Rogers 大金牌 LS3/5A，我于 2022 年通过海淘竞拍获得。这是 Rogers 在获取授权后制造的第二批 LS3/5A 中的一对。

图 9.15　编号为 309 和 310 的 Rogers 大金牌 LS3/5A 外观一

图 9.16 编号为 309 和 310 的 Rogers 大金牌 LS3/5A 外观二

图 9.17 编号为 309 和 310 的 Rogers 大金牌 LS3/5A 内部

图 9.18　编号为 309 和 310 的 Rogers 大金牌 LS3/5A 分频器

　　图 9.19~ 图 9.22 展示的是一对编号为 0737 和 0738 的 Rogers 小金牌 LS3/5A，我于 2022 年在山西乔先生的帮助下通过海淘竞拍获得。这是 Rogers 在获取授权后制造的第三批 LS3/5A 中的一对。

图 9.19　编号为 0737 和 0738 的 Rogers 小金牌 LS3/5A 外观一

图 9.20　编号为 0737 和 0738 的 Rogers 小金牌 LS3/5A 外观二

图 9.21　编号为 0737 和 0738 的 Rogers 小金牌 LS3/5A 内部

图 9.22　编号为 0737 和 0738 的 Rogers 小金牌 LS3/5A 分频器

图 9.23~ 图 9.25 展示的是一对编号为 1001 和 1002 的 Rogers LS3/5A 生产参考标准音箱——"Mini Monitor"，我于 2021 年从前 Rogers 董事长 Michael O'Brein 手中获得。这是一对极为特殊的 LS3/5A，所有 Rogers 生产的 LS3/5A 都需与之对比，以确保达到标准。

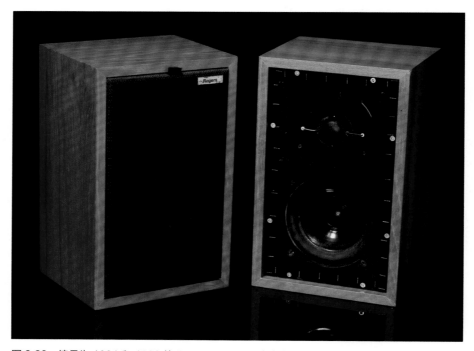

图 9.23　编号为 1001 和 1002 的 Rogers LS3/5A 生产参考标准音箱 "Mini Monitor" 外观一

图 9.24　编号为 1001 和 1002 的 Rogers LS3/5A 生产参考标准音箱"Mini Monitor"外观二

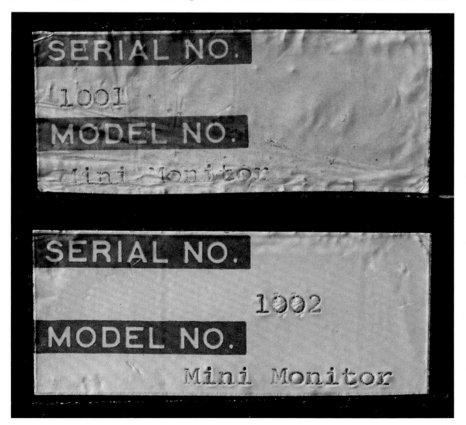

图 9.25　编号为 1001 和 1002 的 Rogers LS3/5A 生产参考标准音箱"Mini Monitor"背标

图 9.26~ 图 9.29 展示的是一对编号为 7 和 36 的 Chartwell LS3/5A 生产参考标准音箱，它们同样来自前 Rogers 董事长 Michael O'Brein。这也是一对极为特殊的 LS3/5A，Chartwell 生产的所有 LS3/5A 都需与之对比，以确保达到标准。

图 9.26 编号为 7 和 36 的 Chartwell LS3/5A 生产参考标准音箱外观一

图 9.27 编号为 7 和 36 的 Chartwell LS3/5A 生产参考标准音箱外观二

图 9.28　编号为 7 和 36 的 Chartwell LS3/5A 生产参考标准音箱背标

图 9.29　编号为 7 和 36 的 Chartwell LS3/5A 生产参考标准音箱与介绍 Michael O'Brein 的杂志

图 9.30 和图 9.31 展示的是编号为 40195B 和 41173A 的 Rogers 录音室版本 11Ω LS3/5A，我通过海淘竞拍于 2019 年获得。这两只音箱自 20 世纪 90 年代后一直服务于 BBC South & East ELSTREE（BBC 东南埃尔斯特里）。

图 9.32~ 图 9.34 展示的是编号为 88129A 和 88129B 的 Stirling 外置 Cicable 分频器版本 15Ω LS3/5A，我于 2019 年通过海淘竞拍获得。

这是 Doug Stirling（道格·斯特林）面向高端客户推出的一款非常特殊的 15Ω 版本 Stirling BBC LS3/5A，它们配备了可拆卸背板的 9mm 厚薄壁参考箱体（红木饰面），使用了从为数不多的库存中精心挑选并配对的原始 KEF T27（SP1032）和 KEF B110（SP1003）驱动单元，以及发烧级的 Cicable Premium 外置分频器，旨在发挥最佳性能。

图 9.30　编号为 40195B 和 41173A 的 Rogers 录音室版本 11Ω LS3/5A 外观一

图 9.31　编号为 40195B 和 41173A 的 Rogers 录音室版本 11Ω LS3/5A 外观二

图 9.32　编号为 88129A 和 88129B 的 Stirling 外置 Cicable 分频器版本 15Ω LS3/5A 外观一

图 9.33　编号为 88129A 和 88129B 的 Stirling 外置 Cicable 分频器版本 15Ω LS3/5A 外观二

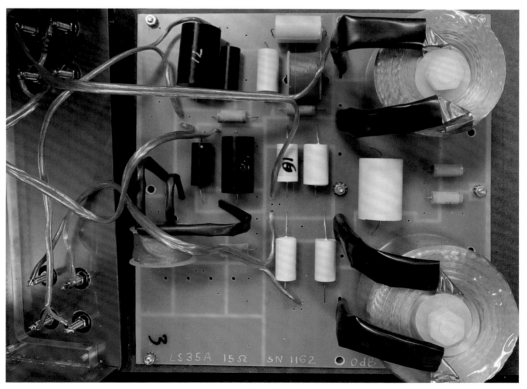

图 9.34　Cicable 分频器特写

图 9.35~ 图 9.37 展示的是编号为 50/50 的 Falcon Kingswood Warren 50 对 限 量 版 LS3/5A 的最后一对，我在 2020 年从威达公司 购 得。"Kingswood Warren" 是 BBC 研发部 旧址，也是 LS3/5A 原型最初问世之地。Falcon 以 "Kingswood Warren" 命 名 这 批 限 量 版 LS3/5A，一是为了纪念 BBC 研发部，二是充分表明了这是一批最接近原型的"不妥协"的 LS3/5A。这 50 对限量版音箱是参考了原始 BBC LS3/5A 003/004 音箱，以及 BBC 工程人员的手写笔记来指导制作的。

图 9.35　编号为 50/50 的 Falcon Kingswood Warren 限量版 LS3/5A 外观一

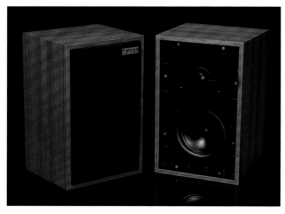

图 9.36　编号为 50/50 的 Falcon Kingswood Warren 限量版 LS3/5A 外观二

图 9.37　编号为 50/50 的 Falcon Kingswood Warren 限量版 LS3/5A 外观三

原始 BBC LS3/5A 采用的是可拆卸背板的"有损"临界阻尼薄壁箱体（如图 9.38 所示）。Falcon 采用经特别选择并分级的 9mm 厚波罗的海桦木层板制造了与原始规格相同的箱体，选用柚木贴面。

图 9.38　Kingswood Warren LS3/5A 原型箱体（本图由 Falcon 品牌方提供）

原始 BBC LS3/5A 采用的是 BBC 特有的变压器式电感器，这种电感器配备了精巧的调节机制，可以实现非常精确的电感值微调。Falcon 使用库存材料，重新制作了 50 对 BBC 电感器，供 Kingswood Warren 限量版 LS3/5A 使用。

最初的 BBC 规范要求使用 MKC（金属化聚碳酸酯介质电容器）电容器，这种材料在大约 20 年前就不再生产了。经过 3 年的搜索，Falcon 找到了少量的薄膜材料，重新制作了 MKC 电容器，用于 Kingswood Warren 限量版 LS3/5A。这些 MKC 电容器给这批限量版 LS3/5A 提供了卓越的稳定性、速度、准确性以及无与伦比的音质和声场深度。

驱动单元使用的当然是 Malcolm Jones 重新开发的 Falcon B110 和 T27。Falcon 创始人 Malcolm Jones，曾是 KEF 首席设计工程师，负责重新开发 Falcon B110 和 T27 驱动单元。他自 20 世纪 60 年代开始参与原始 B110 和 T27 的开发工作。

Kingswood Warren 限量版配备的是定制的镀玫瑰金端子和铭牌，尽显高贵。更令人惊喜的是，限量版音箱配有一个极具美感且实用的仿古皮革折叠盒。

这批"Kingswood Warren"限量版 LS3/5A 是纯手工精心制作而成，无论是外观、性能还是声音，都与 1974 年的原型 LS3/5A 几乎完全一样。

9.3　LS3/6

图 9.39~ 图 9.41 展示的是一对编号为 2024 和 2025 的 Rogers LS3/6，我在 2021 年通过海淘竞拍购得。LS3/6 是 BBC 向外部制造商授权的第一款允许商业销售的产品，Rogers 几乎是唯一的制造商。这对 LS3/6 状态良好，其声音甜美、温暖且精准。但考虑到这些音箱的低音单元的功率承受能力非常脆弱，我总是谨慎地使用，避免将音量调至过高。

图 9.39　编号为 2024 和 2025 的 Rogers LS3/6 外观一

图 9.40　编号为 2024 和 2025 的 Rogers LS3/6 外观二

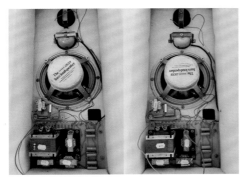

图 9.41　编号为 2024 和 2025 的 Rogers LS3/6 内部

图 9.44　编号为 309 和 310 的 BBC LS3/7 内部

9.4　LS3/7

　　图 9.42~ 图 9.44 展示的是一对编号为 309 和 310 的 BBC LS3/7，我在 2022 年通过国内二手交易平台购得。LS3/7 采用电子分频的主动式设计，需要与改进的 Quad 303 组合成 AM8/15 功放使用。遗憾的是，我尚未找到配套的 AM8/15 功放，因而还未有机会体验其真正的声音表现。未来，我计划尝试制作一款适用于 LS3/7 的被动分频器。

9.5　LS5/5

　　图 9.45~ 图 9.48 展示的是一对编号为 1057 和 1096 的 BBC LS5/5，我在 2021 年底通过海外留学生的帮助，从芬兰一位音响爱好者 Heikki 处获得。非常幸运，Heikki 被我的执着打动，同意将这对 LS5/5 转让给我，以便进行深入研究。它们是我至今接触到的唯一一对 LS5/5 实物，听过它们的朋友都给予了极高的评价！

图 9.42　编号为 309 和 310 的 BBC LS3/7 外观一

图 9.45　编号为 1057 和 1096 的 BBC LS5/5 外观

图 9.43　编号为 309 和 310 的 BBC LS3/7 外观二

图 9.46　编号为 1057 和 1096 的 BBC LS5/5 背标特写

图 9.47　编号为 1057 和 1096 的 BBC LS5/5 内部

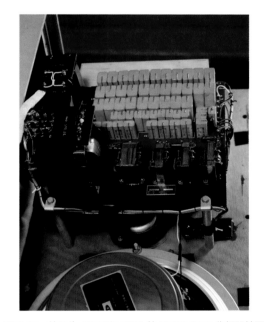

图 9.48　编号为 1057 和 1096 的 BBC LS5/5 分频器特写

9.6　LS5/8

图 9.49、图 9.50 是一对编号为 6495 和 6672 的 Rogers LS5/8，我在 2021 年通过海淘竞拍购得。LS5/8 是继 LS5/5 之后 BBC 的旗舰级音箱，我没有理由不收藏一对。

图 9.49　集成 AM8/16 电子分频卡的 Quad 405 功放外观

图 9.50　编号为 6495 和 6672 的 Rogers LS5/8 外观

9.7　LS5/9

图 9.51 和图 9.52 是一对编号为 127 和 128 的 BBC LS5/9，我在 2022 年通过海淘竞拍获取。

这是一对早期的 BBC 版本 LS5/9（使用 FL6/35 分频器），与向外部市场公开销售的 LS5/9（使用 FL6/36 分频器）有显著的不同。

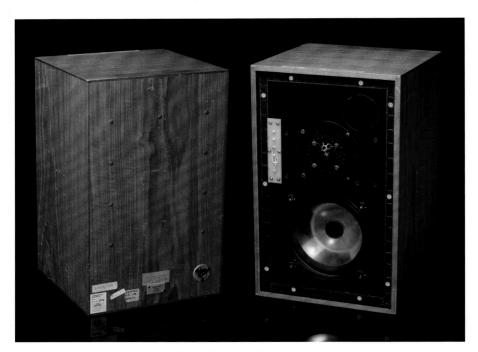

图 9.51　编号为 127 和 128 的 BBC 版本 LS5/9 外观

图 9.52　编号为 127 和 128 的 BBC 版本 LS5/9 内部

9.8 LS5/12A

图 9.53 和 图 9.54 是 一 对 编 号 为 0234A 和 0234B 的 Harbeth LS5/12A，我在 2021 年通过二手交易平台获取。LS5/12A 制作精良，但声音表现不如 LS3/5A 那样好。前面提到过，LS5/12A 并非出自 BBC 研发部的设计，我对它们并没有特别的情怀，收藏它们仅是为了完善整个系列，且不会占用太多货架空间。

图 9.53 编号为 0234A 和 0234B 的 Harbeth LS5/12A 外观

图 9.54 编号为 0234B 的 Harbeth LS5/12A 内部

第 10 章
LS3/5A 许可制造商简史

10.1　Rogers 简史

Rogers Developments Company（乐爵士开发公司），由 Jim Rogers（吉姆·罗杰斯）于 1947 年创立，拥有制造电子产品和音箱的悠久且成功的历史。他自 1972 年开始参与 BBC 音箱的制造，Rogers 品牌因此声名远扬，至今仍享有盛誉。在其漫长的历史中，公司几经易手，为了更好地梳理其历史脉络，我将 Rogers 公司的发展历程划分为 3 个主要时期，这样有助于清晰地理解其不同阶段的特点和变化。这些信息主要来源于对互联网资源的整理，如果发现错误，请通知我进行更正。

10.1.1　第一时期：1947~1975 年

这一时期由 Jim Rogers 掌管。

1947 年，Jim Rogers 与合作伙伴 S.C.E. Macadie（S.C.E. 麦卡迪）成立了一家名为 Rogers Developments Company 的小公司，地址是 106 Heath Street, Hamstead, London（伦敦汉姆斯特德希斯街 106 号）。

1948~1949 年，Rogers 推出 RD Junior 功放、高级功放、调谐器和音箱。

1950 年 7 月 1 日，公司搬迁至 116 Blackheath Road, Greenwich, London（伦敦格林威治布莱克希斯路 116 号），开始为 Hi-Fi 设备制定定制机箱。

1951~1952 年，Rogers 推出 RD Baby 和 Baby 高级功放、Baby 高级前级和 Minor 功放，开始制造由 Williamson（威廉森）设计的前级和功放。

1953 年，Rogers 推出 RD Junior 号角音箱、RD Baby 高级 MK Ⅱ 功放、RD Junior MK Ⅱ 前级和 RD Junior 收音机。

1954 年，Rogers 推出 RD Senior 控制器和功放。

1955 年，公司名称变更为 Rogers Developments（Electronics）Ltd.[乐爵士发展（电子）有限公司，本书简称 Rogers Developments]，推出新的 RD Junior 功放、控制器和 RD Minor MK Ⅲ 功放。

1956 年，Rogers 推出 RD Junior VHF FM 收音机和 RD Senior MK Ⅲ 控制器。

1957 年，公司搬迁至 4-14 Barmeston Road, Catford, London（伦敦凯特福德巴梅斯顿路 4-14 号）。

1958 年，Rogers 推出 RD Junior MK Ⅱ 控制器、RD Junior 立体声控制器、RD Cadet 功放、RD Cadet 控制器、RD Cadet 立体声控制器、RD Junior Switched FM 收音机、RD Senior MK Ⅱ 功放和 RD Senior MK Ⅳ 控制器。

1959 年，Rogers 推出 HG88 集成电路立体声功放、RD Junior MK Ⅱ 立体声控制器和 Rogers 可变 FM 接收器。

1960 年，Rogers 推出 RD Junior 立体声功放、Rogers Master 立体声控制器和 RD Cadet MK Ⅱ 功放。

1961 年，Rogers 推出 HG88 MK Ⅱ 集成电路立体声功放和 RD Junior MK Ⅲ 立体声控制器。

1962 年，Rogers 推出 RD Cadet MK Ⅱ 立体声功放和 RD Cadet MK Ⅱ 立体声控制器。

1963 年，Rogers 推出 Rogers Lowline 机箱、Rogers Cadet Ⅱ 音箱和 Rogers Stereo Pickup Booster Unit。

1964 年，Rogers 推出 Rogers Mini-Cadet Compact 音箱、Rogers MK Ⅱ 开关 FM 接收器和 Rogers MK Ⅱ 可变 FM 接收器。

1965 年，Rogers 推出 Rogers Cadet MK Ⅲ 立体声功放控制器、Rogers Lowline MK Ⅲ 机箱、Rogers Wafer Ultra-Slim（薄片）音箱。

1966 年，Rogers 推出 HG88 MK Ⅲ 立体声功放和 Rogers 立体声解码器。

1967 年，Rogers 推出 Rogers MK Ⅲ 开关 FM 接收器、Rogers MK Ⅱ 立体声解码器、Ravensbourne 集成立体声功放和 Ravensbourne 音箱。通过将原有厂房增至二层来扩建工厂，并设立了一个新工厂，地址在 Sidcup。

1968 年，Rogers 推出 Ravensbourne '2' FET

FM 调谐器。

1969 年，Rogers 推出 Ravensbrook 集成电路立体声功放和 Ravensbrook 音箱。

1970 年，Rogers 推出 Ravensbrook FET FM 调谐器。

1971 年，Rogers 推出 Ravensbrook Series II 立体声功放、Ravensbrook 调谐放大器和 Rogers 立体声耳机。

1972 年，Rogers 取得 BBC LS3/6 音箱的制造许可，开始生产 Rogers LS3/6。Rogers 购买 Bruel & Kjaer 测量设备并在车库中建造消声室。

1973 年，Rogers 推出 Ravensbrook Series III 立体声功放和 Ravensbrook Series II FM 调谐器，改进了 Wafer（薄片）音箱。

1975 年，Rogers 取得制造 LS3/5A 音箱的许可证，与此同时，公司陷入财务危机，William Ling 收购了 Rogers Developments，并通过他的 Acoustics Enterprises（声学企业）有限公司向 Rogers Developments 贷款 20 000 英镑以维持其运营。Brian Pook 被聘为总经理。Jim Rogers 离开了 Rogers Developments 并重新成立了一家名为 JR Loudspeakers 的新公司。不幸的是，William Ling 掌管的 Acoustics Enterprises 也破产了，接管人要求偿还贷款。

Rogers Developments 公司旧址如图 10.1 所示。Rogers Developments 公司创始人 Jim Rogers 如图 10.2 所示。

图 10.2　工作台前的 Rogers Developments 公司创始人 Jim Rogers，拍摄于 1977 年

10.1.2　第二时期：1975~1993 年

这一时期由 Michael O'Brien 掌管，实控公司为 Swisstone，"Rogers" 仅作为品牌存在。

1975 年，M. O'Brien Hi-Fi 的所有者 Michael O'Brien（迈克尔·奥布莱恩）介入并试图收购 Rogers Developments，但发现由于未向 Lewisham（刘易舍姆，是英国伦敦东南部的一个行政区）支付税费而无法购买资产。此时 Rogers Developments 的员工已被解雇，公司停摆。Michael O'Brien 和 Brian Pook 决定重新开始，于 1975 年 12 月 1 日购买了一家名为 Swisstone Electronics（瑞士通电子，本书简称 Swisstone）的现成贸易公司，作为收购 Rogers Developments 公司资产的主体，他们从接管人的拍卖中收购了大部分 Rogers Developments 的资产，并重新洽谈了 Barmeston Road（巴梅斯顿路）处所的租约，但是放弃了 Sidcup 的工厂。最重要的是，他们从接管人那里购买了 Rogers 商标的权利，Brian Pook 和其他 5 名前 Rogers Developments 员工在 Swisstone 开始工作。

图 10.3 是前 Swisstone 董事长 Michael O'Brien 与作者的合影，拍摄于 2023 年。图 10.4 是前 Swisstone 总经理 Brian Pook，拍摄于 2021 年。

1976 年，Swisstone 引入了新商标样式，由

图 10.1　位于伦敦格林威治布莱克希斯路 116 号的 Rogers Developments 公司旧址

图 10.3　Michael O'Brien（右）与作者（左）合影

图 10.4　前 Swisstone 总经理 Brian Pook

一个矩形框架内的"Rogers"字样组成，下方配有"BRITISH HIGH·FIDELITY"字样以及英国国旗图标，如图 10.5 所示。作为新成立的公司，Swisstone 需要与 BBC 重新谈判，以获得生产 LS3/5A 的许可。原 Rogers Developments 的员工逐步被重新聘用。Richard W. Ross（理查德·W.

罗斯）加入公司，担任音箱设计主管。当年还推出了 Rogers A75 2 系列放大器。同时，Rogers Export Monitor 音箱也推向市场，与之前备受困扰的 LS3/6 生产相比，该产品取得了显著改善，并开始在海外市场销售和分销。

Rogers

BRITISH 🇬🇧 HIGH·FIDELITY

图 10.5　Swissstone 在 1976 年引入的新商标样式

1977 年，Swisstone 推出 Rogers Compact Monitor 音箱和 Rogers T75 Series 2 调谐器。

1978 年，Swisstone 购买了已进入破产清算的 Chartwell Electro Acoustics Ltd.（查特韦尔电声有限公司）的资产和商誉，还包括其位于 Mitcham（米彻姆，位于伦敦市南部）的大型锥盆制造厂。

1979 年，Swisstone 推出包括 LS3/5A 在内的 Rogers 参考监听系统、新的低音炮和新的 XA 75 分频器控制单元，以及 Rogers A100 功放。Chartwell 品牌系列音箱继续以原有名称（例如 PM110）开发和销售。

1980~1981 年，Swisstone 推出 A75 3 系列放大器、T100 预设数字调谐器、Studio 1 音箱、BBC 许可的 LS5/8 录音室监听音箱（主动式）和 PM 510 录音室监听音箱（被动式）。

1982 年，Swisstone 推出 LS1、LS5 和 LS7 音箱，以及 MCP 100 前级。Brian Pook 离开公司，Richard Ross（理查德·罗斯）成为新的总经理。Swisstone 从 Barmeston Road 4-14（巴梅斯顿路 4-14 号）搬到 Unit 3, 310 Commonside East, Mitcham（米彻姆平民东 310 号 3 单元），毗邻当时的 Chartwell 制造工厂。

1985 年，Swisstone 推出 LS2 取代 LS1，

LS6 取代 LS5，并推出 BBC 许可的 LS5/9 音箱。

1987 年，Studio 1a 替代 Studio 1 音箱，LS7t 替代 LS7 音箱。

1989~1990 年，Swisstone 推出 LS4A 和 P24 音箱。

1991 年，Swisstone 推出 LS4a/2、LS2a/2 和 LS8a 音箱。才华横溢的总经理 Richard Ross 英年早逝，享年 41 岁。Swisstone 收购了陷入财务困境的 Onix Electronics（欧尼士电子）有限公司。

1992 年，Andy Whittle 被聘为研究和技术总监，同年推出 Studio 3 音箱。

图 10.6 是 Rogers 品牌鼎盛时期的宣传册，其中包括著名的 LS5/8、LS5/9 和 LS3/5A 等。

图 10.7 是 1980~1993 年间，Rogers 品牌面向民用市场发售的一系列经典音箱，赢得广泛赞誉。

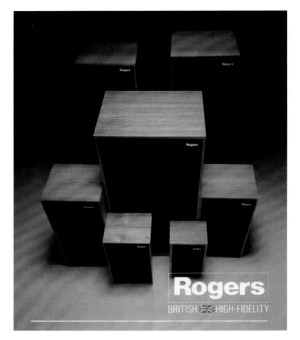

图 10.6　Rogers 品牌鼎盛时期宣传册

1983 年 Studio 1　　1984 年 LS7　　1985 年 LS5/9　　1993 年 Studio 3

图 10.7　1980~1993 年间 Rogers 品牌的一系列经典音箱

10.1.3　第三时期：1993 年至今

香港和记行集团（Wo Kee Hong Group，本书简称和记行）掌管，Rogers 仅作为品牌存在。

1993 年，和记行收购了 Swisstone，包括使用 Rogers 品牌的权利。此后，Swisstone 继续在英国作为母公司，提供 Rogers 品牌的研究与制造服务。在这一时期，公司推出了 Studio 3 和 Studio 7 音箱，同时 LS3/5A 的生产短暂中断。

1994 年，公司推出 Studio 5 音箱。

1995 年 7 月 11 日，和记行将其英国公司名称从 Swisstone Electronics 更名为 Rogers International（UK）Ltd.[乐爵士国际（英国）有限公司]。这一年，公司推出 AB1 低音炮。同时，商标更新为蓝色背景设计，如图 10.8 所示。

图 10.8　Rogers 在 1995 年更新的商标样式

1996 年，公司推出 LS33 、AB33 低音炮、db101 和改进的 LS1 音箱。委托 Audio Note（UK）

公司以 Rogers 品牌生产 E40a 和 E20a 集成电路电子管功放。

1997 年，Rogers International（UK）Ltd. 从 310 Commonside East, Mitcham 搬迁至 Unit 13, Bath House Road, Beddington Lane, Croydon, Surrey（萨里郡克罗伊登市贝丁顿巷巴斯屋路 13 单元）。

1998 年，Rogers International（UK）Ltd. 停止了英国的生产，将所有产品都转移到亚洲制造。

1999 年，Rogers International（UK）Ltd. 更名为 Mitcham Manufacturing Ltd.（米彻姆制造有限公司），以便于关闭在英国的所有业务。Rogers International（UK）Ltd. 名称和 Rogers 品牌名称在和记行的控制下持续保留。

2000 年，Mitcham Manufacturing Ltd. 在 2000 年 6 月 13 日解散。

2001 年至今，和记行以 Rogers 品牌生产了数不胜数的产品。

2007 年，推出 LS3/5A 60 周年纪念版，取得 BBC 许可，在英国制造，但实际制造商并未在手册中注明。

2012 年，推出 LS5/9 65 周年纪念版和 LS3/5A 65 周年纪念版，如图 10.9 所示，但未取得 BBC 许可，在中国制造。

2017 年，推出 LS3/5A 70 周年纪念版，如图 10.10 所示，取得 BBC 许可，在英国制造。

如今，很明显，和记行再次认真对待 Rogers 这个品牌，并且再次在 Andy Whittle（图 10.11）的带领下，重新推出了多款产品，包括恢复 LS3/5A 和 LS5/9 的生产。Andy Whittle 在 20 世纪 90 年代（1992~1998 年）在 Rogers 担任技术总监，他自然拥有设计和制作高标准产品的知识与能力。此外，他们还重新推出了 E20a 功放和 LS3/5A 的有源低音炮 AB3a。

前 Swisstone 总经理 Brian Pook 的回忆录为了解 Rogers 品牌的历史提供了另一份极其珍贵的资源，并且是一本颇具趣味的读物。中文版已经被我添加到"溯源 LS3/5&LS3/5A"微信公众号上，对此感兴趣的读者可以仔细品读。

备注：本节图片由 Rogers 品牌方提供。

图 10.9　Rogers LS5/9 65 周年纪念版和 LS3/5A 65 周年纪念版

图 10.10　Rogers LS3/5A 70 周年纪念版

图 10.11　Rogers 设计总监 Andy Whittle，摄于 2024 年

10.2　Chartwell 简史

Joseph Pao（约瑟夫·鲍，本书简称 Joseph）在伦敦经营一家豆芽生产工厂，为当地的中餐馆供应豆芽，这项业务带来了可观的利润。然而，Joseph 并不满足于此，他怀揣着"走向全球"的宏伟梦想。因此，在 1973 年 6 月，Joseph 与 David W. Stebbings（大卫·W. 斯特宾斯，简称 David）共同创立了 Chartwell Electro Acoustics Ltd.（查特韦尔电声有限公司，简称 Chartwell）。当时，David 还在 BBC 研发部工作。

Chartwell 公司的成立日期为 1973 年 6 月 1 日，由 Joseph 和当时的 BBC 工程师 David 共同创立。Joseph 担任公司董事长，David 担任总经理。工厂设在 Joseph 的豆芽厂内的一个角落，位于伦敦西北部的 Alric Avenue, Harlesden NW10（哈尔斯登西北 10 号，阿尔里克大道）。

1974 年，前 BBC 员工 Ian Rhodes（伊恩·罗兹）加入 Chartwell，担任工厂经理。同年，公司开始生产 PM400 音箱，并于年底开始向 BBC 员工提供"交响曲计划"套件。

1975 年，Chartwell 取 得 了 LS3/5A 音 箱

的生产许可，4 月推出了获得授权的 Chartwell LS3/5A（直角方背标）。Chartwell 在内部完全自行制造了自己的分频器，并为此增加了人手，雇用了两位年轻的爱尔兰女士来完成包括分频器在内的音箱组装工作。年末，工厂迁至 2 Commonside East, Mitcham, Surrey（萨里郡米彻姆东侧 2 号）。公司在新工厂中建造了消声室，购入了制作锥盆的真空成型机，并与 BBC 研发部的 Harwood 共同开发了聚丙烯锥盆，同时招募了新员工，Chartwell 逐渐壮大。

1976 年，Chartwell 推出了 PM100、PM200、PM400 音箱。由于开发聚丙烯锥盆的大量资金投入，到了 12 月，公司因财务危机而在圣诞节前两周解雇了大部分员工。

1977 年，David 离 开 BBC， 全 职 加 入 Chartwell，2 月底大部分员工被重新聘用。Chartwell 决定进军电子学领域，但这一决策代价高昂并最终以失败告终。为了降低成本，在 Rayleigh, Essex（埃塞克斯郡雷利）建立了 Chartwell 箱体工厂，只要遵守特定条款便可享受免租期。不幸的是，Chartwell 箱体工厂多次违反了免租条款，从一开始就苦苦挣扎，因此停止了生产。这一年业务的迅速扩张导致 Joseph 投入了大量现金。Chartwell 以实际行动完美演绎了迅速消耗 Joseph 豆芽业务巨额利润的最佳方法！

1978 年，银行发现 Chartwell 巨大的财务亏空，导致 Chartwell 申请破产清算，最终被 Swisstone Electronics 收购，Chartwell 箱体工厂亦步入破产清算的命运。吸引 Swisstone 的是 Chartwell 的扬声器制造技术和设备，而非其品牌。这或许是 Chartwell 在当时的最佳结局了。

1979 年，Swisstone 继续以 Chartwell 品牌开发和销售原有音箱系列，包括 LS3/5A、PM55、PM110、PM210、PM310、PM410、PM450P（LS5/8 的无源版本）、Studio 1 等，并继续保持在 Mitcham 工厂独立生产，希望以此来激励那些 Chartwell 的老员工。Swisstone 为这个想法奋斗了

将近一年，投入了大量的时间、精力和金钱，但很快意识到没有人（甚至老员工）对 Chartwell 这个品牌有任何感情和忠诚度！

1980 年，Swisstone 停止了 Chartwell 品牌产品的生产。

Chartwell 公司因为深陷财务危机，在那个音响行业无比辉煌的年代仅存续了 5 年。但今天看来这丝毫没有抹杀它曾经的功绩和深远影响，它是聚丙烯材料在扬声器上应用的先驱，其制造的以 LS3/5A 和 PM400 为代表的一系列音箱时至今日仍被无数人所追捧。

Ian Rhodes 自 1974 年加入 Chartwell 以来，他几乎经历了公司的所有不幸。他的回忆录是了解 Chartwell 历史的另一份极其宝贵的资源，并且充满英式幽默！中文版已发布在"溯源 LS35&LS35A"微信公众号，欢迎有兴趣的读者阅读。

大约在 2012 年，一家名为 Audio Space（科宝）的公司在我国香港重新注册了 Chartwell 品牌，但其与英国的 Chartwell 并无关联，其短暂推出过 Chartwell 品牌的 LS3/5A，包括 15Ω 和 11Ω 版本，甚至还是四接线柱的双线分音，这些并未取得 BBC 的许可，也不是在英国制造的。

2015 年，Graham Audio 从和记行手中收购了 Chartwell 品牌。Paul Graham 聘请 Derek Hughes 作为设计顾问，使用现代单元重新设计了以 Chartwell 品牌命名的 LS3/5 和 LS3/5A，并开发了一款新型号 LS6，同样以 Chartwell 品牌推出。

图 10.12 是 20 世纪 70 年代末 Chartwell 生产的 PM400 音箱。

10.3　Audiomaster 简史

这是另一位前 BBC 工程师 Robin Marshall（罗宾·马歇尔，简称 Robin）的故事。Robin 在大学毕业后直接加入了 BBC，其间参与了声学和扬声器设计的工作。由于性格直率，他觉得自己难以

图 10.12　Chartwell PM400 音箱

适应 BBC 的官僚文化。Robin 梦想成为一名音乐家，因此在 1972 年或 1973 年离开了 BBC，尝试以贝斯手的身份参与音乐表演。然而，由于收入微薄，生计艰难，他不得不暂时放弃梦想，在伦敦的 Hampstead Hi-Fi 零售店担任销售员。但 Robin 总是如实地向顾客说明设备的问题，这种行为让老板无法忍受，最终导致他不得不离开。随后，他加入了新成立的 Audiomaster Limited 公司（音乐大师有限公司，本书简称 Audiomaster）。

1975 年，零售连锁店 KJ Leisuresound（KJ 休闲之声）的老板 John Read（约翰·里德）决定进入音箱制造行业，成立了 Audiomaster Limited 公司，并邀请 Robin 加入，担任总经理。公司位于伦敦西北部 33 Bridle Path Watford Hertford Shire WD2 4BZ（赫特福德郡沃特福德马道 33 号）。

1976 年，Audiomaster 凭借 Robin 在 BBC 的背景，获得了 LS3/5A 的制造许可。4 月，Audiomaster 推出了 LS3/5A 音箱。

1976~1980 年，Audiomaster 推出了 Image One、Image Two、MSL-1、MSL-2、MSL-4、P202 等系列音箱。尽管 MLS 系列音箱销售数量可观，但盈利甚微。

1981 年，因快速扩张和管理不善导致财务危机，Audiomaster 公司最终倒闭。Robin 随后加入 Monitor Audio 公司，最终于 1983 年离开，创建了自己的品牌 Epos（谱诗）。

Audiomaster 尽管存续时间短暂，与 Chartwell 相似，但因参与制造著名的 LS3/5A 而被历史铭记。除此之外，再没有留下被人们称颂的传世经典，但不可否认 MSL 系列音箱制作工艺精良，这些显然是 Robin 的功劳，中频虽带有时代色彩，不如 LS3/5A 那么好，但听感尚可。

对于 LS3/5A，Audiomaster 显然是相当认真的，这关乎它的声誉。工作人员会认真测量所有的电容以保证精度。当一批音箱完成时会被带到 Hirst 研究所的消声室进行测试，每只音箱都有单独的测量数据，通常必须将音箱拆开并重新调整。Robin

亲自匹配了每一只 LS3/5A，这是一场噩梦，因为 KEF 似乎每一批 B110 单元都变得越来越糟糕（KEF 专门为 Rogers 提供经挑选合格的 B110 单元，Audiomaster 似乎无法得到同样的优待），如果在测试中未能通过，Robin 会亲手调整每只分频器以使其符合规格。

图 10.13 是 Audiomaster 于 1979 年 2 月发布的宣传册封面——"我们将改变你的聆听方式"。

图 10.13　Audiomaster 发布的宣传册封面

图 10.14 是 20 世纪 70 年代末 Audiomaster 生产的 MSL-1 音箱。

图 10.14　Audiomaster MSL-1 音箱

10.4　RAM 简史

前 RAM 公司总经理 Vince Jennings（文斯·詹宁斯）曾在英国空军从事电子学工作，像许多当时的 Hi-Fi 爱好者一样，对音箱制造产生了浓厚兴趣。在阅读了 Wharfedale（乐富豪）创始人 Gilbert Briggs（吉尔伯特·布里格斯）的几本关于音箱设计的有影响力的著作后，一切就这样开始了……

1974 年初，Vince Jennings 与 Matthew Therrien（马修·瑟里安）共同创立了 RAM Electronics 公司，担任总经理，公司位于一个车库——Unit 7,Harford Bridges, Hall Road, Norwich NR4 6DW（诺维奇霍尔路哈福德桥 7 单元）。RAM 的全称为"Reflex Acoustic Monitors"，大意为"声音的完美复制品"，但这个全称并未广泛使用。RAM 的商标由一位艺术家设计。

1974~1975 年，RAM 推出 RAM 1、RAM 2、RAM 3 系列音箱。Jerry Lewin（杰里·莱文）和 Vince Adams（文斯·亚当斯）成立了 RAM Limited 公司，负责 RAM Electronics 在英国的营销和分销，命名为 RAM Limited 的想法是为了看起来与 RAM Electronics 像是同一家公司，但它们是完全独立的。

1976~1977 年，工厂从车库搬到 The Granary Bracondale Trowse Norwich Norflok NR1 2EG。其间，推出了 RAM Compect、RAM Mini Bookshelf Monitor、Kit 50、STL4 等音箱。Mini Bookshelf Monitor 是为古典音乐爱好者设计的小型音箱，并在申请 LS3/5A 制造许可时展示给 BBC，以证明 RAM 的技术能力。

1978 年，RAM 获得 BBC 批准制造 LS3/5A，填补了 Chartwell 破产后 BBC 三个许可之一的空缺。推出 RAM BSM MK Ⅱ、RAM 100、150、200 等音箱。RAM 100 取代了 RAM 1。

1979 年初，RAM 开始制造 LS3/5A，但几乎没有销量。同年还推出了 RAM 400 音箱。

1980 年，RAM 推出了 RAM CD10、CD20 音箱及 RAM 60、70、80 音箱，这些音箱分别是 RAM 100、150、200 的改进版，使用了 Dalesford 公司的低音单元和 Seas（西雅士）的高音单元。年中，RAM 开始出现严重的问题，负责英国市场营销和分销的公司出乎意料地出现了财务困难，RAM Electronics 不得不带着一份商业计划和为期 6 个月的销售目标到银行贷款，前 5 个月达到了销售目标，但第 6 个月没有达成目标，因此银行停止了继续支付贷款。

1981 年，RAM Electronics 宣布破产，清算过程持续了约 18 个月。

1982 年 6 月，RAM 被一家名为 RAM Electro Acoustics 的新公司收购，该公司继续生产 RAM 原有的音箱系列，包括 LS3/5A，但没有继续开发或引进新的型号。

1983 年年底，RAM Electro Acoustics 公司也宣布破产。在此之前 6 个月，RAM 的扬声器供应商 Dalesford 也进入破产清算。

Falcon Acoustics 公司在 RAM 的整个生命周期中都与其密切合作，提供包括 LS3/5A 在内的所有音箱的分频器。RAM 破产后，Falcon 不得不寻找渠道消化剩余的 RAM 分频器。

RAM 当时还设计了 RAM P100 前级放大器和 A100（每通道 50W）和 A200（每通道 100W）功放，由 Ivor Green（艾弗·格林）设计，但仅制造了原型，未进入量产。

图 10.15 是 RAM 于 20 世纪 80 年代初发布的宣传册中的一页。

图 10.16 是 RAM 于 20 世纪 70 年代末生产的 RAM 150 音箱。

10.5　Spendor 简史

Spencer Hughes 于 1961 年加入 BBC 研发部，当时 BBC 正在研究纸浆锥盆的替代材料。该项目由 D.E.L.Shorter 领导，Harwood 担任副指挥，

图 10.15 RAM 于 20 世纪 80 年代初发布的宣传册中的一页

图 10.16 RAM 于 20 世纪 70 年代末生产的 RAM 150 音箱

而 Spencer 作为项目的核心成员之一，负责完成各种塑料材料的评估与调查工作。经过大约两年的努力，项目组成功开发出了以 Bextrene 材料制成的 LS2/1 和 LS2/2 单元。随后，Harwood 与 Spencer 又共同研发了基于 Bextrene 锥盆材料的 LS5/5 和 LS3/4 音箱，这些技术在当时均处于全球绝对领先地位。

基于上述背景，Spencer 萌生了在家庭环境中制作扬声器的想法，并立即付诸实践。他在家中搭建了一台简易的真空成型机，成功制造出了首个商业化的 8 英寸 Bextrene 材料扬声器单元，并迅速开发出了 BC1 音箱的原型。

1969 年，Spendor Audio Systems Ltd.（思奔达音频系统有限公司，本书简称 Spendor）在自家车库成立，地址是 Kings Mill South Nutfield Redhill Surrey（萨里郡雷德希尔市南纳特菲尔德金斯米尔）。"Spendor"一词源自 Spencer 和他的妻子 Dorothy（桃乐茜）名字的字母组合。公司成立之初，Dorothy 几乎承担了所有工作，包括绕制音圈和制作 BC1 音箱，而 Spencer 当时仍在 BBC 任职。

1969~1972 年，公司主要生产 BC1 音箱，同时 Spencer 先生开始构思 BC2 和 BC3 音箱的设计。其间，公司搬迁至 Station Road Industrial Estate Hailsham Sussex（萨塞克斯郡海尔舍姆市车站路工业区）。

1973 年，Spendor 公司业务蓬勃发展。同年 6 月，Spencer 从 BBC 离职，并正式加入 Spendor 公司。同年，公司推出了 BC2 和 BC3 音箱。

1976 年，公司进一步推出了 SA1 等产品。

1980 年，公司又推出了 SA2 和 SA3。

1982 年，公司推出了 Prelude 音箱，并获得了 LS3/5A 的生产许可。

1983 年，公司推出了 SP1 音箱，然而令人遗憾的是，Spencer 先生在这一年英年早逝。随后，其子 Derek Hughes（德里克·休斯，本书简称 Derek）以技术总监的身份，与其母亲一同经营公司，并成功打造了 Classic 系列的原始版本。这一系列中的 SP1/2、SP2 和 S100 尤为出名。

1989 年，公司推出了 S100 音箱，用以替代 BC3。

1993 年，Spendor 公司被 Soundtracs 收购。自此，Derek 不再拥有 Spendor 公司，但他仍以兼职身份在该公司工作至 2002 年。

1998 年，公司推出了 S3/5 音箱，希望以此替代停产的 LS3/5A 的市场地位。

2001 年，Spendor 公 司 被 音 响 设 计 师 兼 Audiolab（傲立）的联合创始人 Philip Swift（菲利普·斯威夫特）收购，Terry Miles（特里·迈尔斯）被任命为工程主管。

2002 年，公司推出了全新的 S 系列音箱。同年，Derek 离开了 Spendor，此后他以自由顾问设计师的身份，继续活跃在英国主流音箱行业中。

2005 年，公 司 搬 迁 至 G5,Ropemaker Park, South Road, Hailsham, East Sussex（东萨塞克斯郡海尔舍姆市南路的罗普梅克公园 G5）。

2007 年至今，公司先从 S、R 系列的音箱型号开始，如今已通过落地音箱扩展了产品范围，主要经营三个系列：分别是 A 系列，高端的 D 系列，以及 Classic 系列音箱。

Spencer 先生是一位杰出的音频工程师和企业家，在 Hi-Fi 行业兴起的时代，他敏锐地捕捉到了商机。凭借深厚的专业技能和丰富的经验，他在家庭环境中开发的 BC1 音箱成为 Spendor 商业成功的起点。值得一提的是，最初的 BC1 采用了 2 单元设计（STC 4001G 超高音是为了免税而后来增加的）。有理由相信，BC1 在设计上更多地借鉴了 LS3/4，两者几乎使用了相同的高音单元和低音单元，如今 BC1 已经取得了经典地位。

Derek 在父亲去世后，毅然承担起技术重任，开发出了一系列深受好评的音箱。虽然 Derek 在技术上出类拔萃，但他对经营并无太多兴趣，Spendor 公司最终易主。成为自由顾问设计师后，Derek 先 后 为 Harbeth、Stirling Broadcast 和 Graham Audio 等公司提供了技术支持，被誉为当今最为权威的 BBC 继任设计师之一。

Spendor 作为历史悠久的传统英国音箱制造商，自 1969 年创立以来，经历了两次所有权变更，如今的产品还有多少当年的理念呢？当前的 Spendor Classics 与原始设计已有所偏离。Derek 于 2002 年选择离开了他父亲创立的公司，这或许是因为他对 Classic 系列的变化特别不满意。

图 10.17 是前 BBC 声学专家、Spendor 公司创始人 Spencer Hughes，拍摄于 20 世纪 80 年代初。

图 10.18 是 Spencer 之子、著名音箱设计师 Derek Hughes，拍摄于 2021 年。

图 10.19 是 生 产 于 20 世 纪 70 年 代 初 的 Spendor 开山之作——BC1 音箱。

备注：本节图片由 Spendor 品牌方提供。

图 10.17　Spendor 公司创始人 Spencer Hughes

图 10.18　著名的音箱设计师 Derek Hughes

图 10.19　Spendor BC1 音箱

10.6　Goodmans 简史

Goodmans 公司由 Edward Stanley Newland（爱德华·斯坦利·纽兰，本书简称 Newland）

先生创立。经历了第一次世界大战的洗礼后，Newland 先生从飞行队退役，并对新兴的无线电技术产生了浓厚兴趣。白天，他在 Clerkenwell（克莱肯威尔）的家庭衬衫厂辛勤工作，晚上则致力于翻新和重新销售军用旧耳机。由于不能在自己的住所进行产品宣传，他借用了 Goodman 先生的住所，公司得名 Goodmans。

1925 年，Goodmans Industries（好人氏工业，本书简称 Goodmans）公司正式成立，标志着其商业活动的正式起步。

1931 年，Newland 先生收购了一家机器车间，并开始全职生产话筒和扬声器。

1936 年，公司迁至 Wembley（文布利）一家规模更大的工厂。

1939~1945 年，第二次世界大战期间，Goodmans 接到了大量动圈耳机的订单，公司因此迅速崛起。

1945~1955 年，Goodmans 将扬声器的销售扩大到英国几乎所有装配厂，当然也包括 Hi-Fi 领域。

1955 年，Edward Stanley Newland 先生去世。

1958 年，Goodmans 被 Robin Marshallson Rentals（罗宾·马歇尔森租赁）公司收购。

1963 年，Goodmans 被 Radio Rentals（无线电租赁）公司收购。

1967 年，Plessey 收购了 Goodmans Industries 公司 20% 的股权，并重新命名为 Goodmans Loudspeakers Limited（GLL）。

1968 年年底，公司被 Thorn EMI 集团收购。

1971 年，Goodmans 公司迁址至 Downley Road, Havant, Hants P09 2NL（汉普郡哈文特唐利路 P09 2NL），自 1936 年起运营多年的著名 Wembley 工厂于 1971 年 9 月 1 日正式关闭。在 20 世纪 70 年代及其之前的时间里，Goodmans 成功打造了一系列备受赞誉的产品，其中包括著名的 Axiom 系列音箱、Audiom 系列音箱以及小型 Maxim 音箱。此外，Goodmans 还积极扩展业务版图，将触角延伸至 Hi-Fi 电子产品领域，展现了其卓越的创新能力和市场洞察力。

1974 年，开发工程师 Billy Woodman（比利·伍德曼）结束了在 Goodmans 长达 4 年的工作生涯，并创立了 ATC Audio 公司。在他的领导下，公司成功研发了备受赞誉的 ATC SM75-150 "馒头" 中音单元和 SB75-150SL 中低音单元，以及一系列卓越的 ATC 监听音箱，包括 SCM20、SCM50 和 SCM100 等。Billy Woodman 先生于 2022 年 7 月 21 日离世，享年 76 岁。

1980 年，Terry Bennett（特里·贝内特）以商务总监的身份加入 Goodmans，成功引领公司进军汽车扬声器和 OEM 领域，从而帮助公司摆脱了经营危机。

1983 年，管理层成功从 Thorn EMI 集团回购了 Goodmans，并由 Terry Bennett 出任总经理一职。

1984 年 1 月，公司成功获得了 LS3/5A 的制造许可。

1985 年，Goodmans 增加了消费类电子产品的经营范围，并因此实现了超过 65% 的销售增长。为了适应业务发展的需求，公司迁至位于 Solent Road, Havant 的新工厂。

1986 年，Tannoy（天朗）与 Goodmans 合并，共同组成了 TGI 集团。TGI 集团旗下拥有多个知名品牌，包括 Tannoy、Goodmans、Epos、Mordaunt Short、Martin Audio 以及 Lab Gruppen。Goodmans 的核心业务是为国际知名汽车公司提供 OEM 汽车扬声器单元，同时保留了 Hi-Fi 业务，直至 1998 年。

1998 年，Goodmans 决定停止生产 Hi-Fi 音箱，其最后一代产品为 Maxim/Mezzo/Magnum 系列。

2000 年，TGI 集团被丹麦 TC 集团接管。

2005 年，Goodmans 的经营活动正式停止。

图 10.20 是 Goodmans Wembley 工厂旧址。

图 10.21 是 Goodmans 于 20 世纪 60 年代生产的著名的 Maxim 小型音箱。

图 10.20　Goodmans Wembley 工厂旧址

图 10.21　著名的 Goodmans Maxim 小型音箱

10.7　Harbeth 简史

Harbeth 的创始人 Hugh Dudley Harwood 先生无疑是 BBC 最具声望的科学家之一。在 20 世纪 60 至 70 年代，Harwood 领导下的 BBC 研发部在声学领域取得了全球领先的一系列重大突破，这些突破至今仍在影响业界。其中一项重要成果是率先采用 Bextrene 作为扬声器锥盆材料，并成功研发出著名的 LS3/5A、LS3/6、LS5/5 等一系列经典的 BBC 监听音箱。在进一步的调查研究中，Harwood 发现聚丙烯具有巨大潜力，并于 1976 年成功申请了一项使用聚丙烯材料的专利。

1977 年，Harwood 先生从 BBC 退休，随后创立了 Harbeth Audio Limited（雨后初晴音频有限公司，本书简称 Harbeth）。Harbeth 这一名称融合了 Harwood 先生的姓氏和他妻子 Elizabeth（伊丽莎白）的名字。显然，Harwood 先生受到了同事 Spencer 的启发，希望复制 Spendor 公司在商业上的成功。同一研究团队的同事 Spencer 于 1969 年创立了 Spendor 公司，成功地将 Bextrene 材料应用于商业音箱。

Harbeth 推出的首款产品是名为 HL MK1 的书架音箱，这款音箱是世界上首款采用聚丙烯锥盆的音箱。随后，Harbeth 又相继推出了 ML、HL MK2、HL MK3 等音箱，这些产品在国际上赢得了良好的声誉，并推动了聚丙烯锥盆在音箱领域的广泛应用。

1984 年，法国 Audax（傲迪诗）公司成功推出了采用 TPX 配方的锥盆材料。Harwood 先生认识到了 TPX 材料的优越性，因此决定将他的聚丙烯专利转让给哥伦比亚广播公司。随后，在 HL MK4 音箱中，他选用了 Audax 的单元。

1986 年，Harbeth 陷入了财务困境。很明显，尽管 Harwood 先生是一位顶尖的科学家，但在营销方面并不擅长。同年 10 月 30 日，Alan Shaw 收购了 Harbeth。Harwood 先生对于担任顾问的职位并不感兴趣，他表示更愿意在家中照料玫瑰。自此，一代宗师便退出了他毕生从事的声学事业。

1987 年，Harbeth 开始制造 11Ω LS3/5A 音箱。尽管 Harbeth 在 1977 年就取得了制造该音箱的许可证，但在 1986 年将公司出售给 Alan Shaw 之前，他们并未实际生产过 LS3/5A。

1988 年，Harbeth 推出了 HL Compact 音箱，进一步丰富了其产品系列。

1990 年，Harbeth 推出了 P3 音箱，旨在取代 LS3/5A 的地位。如今，P3 音箱已经发展到第五代，并已经取得了经典地位。同年，Harbeth 还启动了为期 3 年的新锥盆材料 RADIAL（Research And Development In Loudspeakers，直译为"扬声器上的研究和开发"）研究计划。该计划的研发费用一半由 Harbeth 自行承担，另一半由政府资助。

1994 年，Harbeth 推出了经 BCC 许可的 LS5/12A 音箱。

1995 年，公司进一步丰富了产品系列，推出了 HL Compact 7、HL-P3ES、HL5ES 音箱。

1997 年，Harbeth 推出了 Xpression 录音室监听音箱。

1998 年，Monitor 20、Monitor 30、Monitor 40 三款音箱问世，它们分别可以视为 LS3/5A、

LS5/9、LS5/8 的替代产品。

2001 年，Harbeth 推出了使用 RADIAL 技术的 Super HL5。

2003 年，Derek Hughes 于 2 月 1 日正式加入 Harbeth，担任项目工程师一职。

2007 年，HL Compact 7ES-3 音箱上市。

时至今日，Harbeth 依然保持着小规模经营的模式，专注于按订单为高保真行业和录音室提供产品。其最新发布的核心产品包括 P3ESR XD、Compact 7ES-3 XD、SHL5plus XD、Monitor 30.2 XD 和 Monitor 40.3 XD。值得一提的是，这些音箱中均采用了先进的"RADIAL"和"RADIAL 2"锥盆技术。

可以说，Harbeth 是最为正统的 BBC 传统代表之一，其箱体设计始终严格遵循 BBC 的薄壁箱体设计原则。尽管完整地经历了 Hi-Fi 行业的萧条时期，但 Harbeth 依然屹立不倒，这与 Alan Shaw 不盲目扩张的理性经营思路密不可分。

图 10.22 是前 BBC 声学专家、Harbeth 公司创始人 Harwood（右）与 Harbeth 现任总经理 Alan Shaw（左）的合影，拍摄于 1986 年。

图 10.23 是 Harbeth 总经理 Alan Shaw，他从 1986 年起执掌 Harbeth 公司至今。

图 10.24 展示的是生产于 20 世纪 80 年代早期的 Harbeth HL MK2 音箱。

图 10.25 则是 Harbeth 最新推出的旗舰产品——Monitor 40.3XD 音箱，生产于 2022 年。

备注：本节图片由 Harbeth 品牌方提供。

图 10.22　Harbeth 公司创始人 Harwood（右）和 Harbeth 现任总经理 Alan Shaw（左）

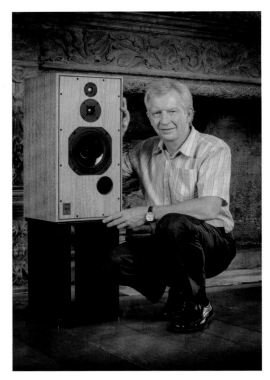

图 10.23　Harbeth 总经理 Alan Shaw

图 10.24　Harbeth HL MK2 音箱

图 10.25　Harbeth Monitor 40.3XD 旗舰音箱

10.8　KEF 简史

第二次世界大战结束后，Raymond Cooke（雷蒙德·库克，本书简称 Cooke）从英国皇家海军退役。他曾在 BBC 担任设计工程师一年，之后成为 Wharfedale（乐富豪）的技术总监。Wharfedale 当时是英国领先的扬声器制造商。Cooke 在 Wharfedale 公司经历变革后，选择离开，并创立了 KEF Electronics Ltd. 公司。

10.8.1　1960~1969 年

1961 年 9 月，36 岁的 Cooke 与 John Balls（约翰·鲍尔斯）及 Bob Pearch（鲍勃·帕克）共同创立了 KEF Electronics Ltd.（KEF 电子有限公司，本书简称 KEF）。公司的宗旨是利用最新的材料技术制造创新型扬声器。KEF 公司设立在英国 Kent 郡 Maidstone Tovil（梅德斯通托维尔）的一家金属制品公司 Kent Engineering & Foundry（肯特工程和铸造厂）的一间弧形顶棚厂房内，并以该公司名称的缩写命名。同年，KEF 推出了第一款音箱——K1 Slimline，其驱动单元采用由 Polystyrene（聚苯乙烯）和 Melinex（聚酯薄膜）制成的振膜。同年 10 月，Malcolm Jones（马尔科姆·琼斯，后来创办 Falcon 公司）加入公司。

1962 年，KEF 公司推出了著名的"跑道"B139 低音单元，随后推出了 K2 Celeste 音箱。

1963 年，KEF 开始为 BBC 独家制造 LS5/1A 监听音箱，这标志着 Cooke 与 BBC 重新建立了工作关系。

1967 年，KEF 研制出了著名的 Bextrene 锥盆材料 B110（A6362）低音单元和采用 Melinex 振膜材料的 T27（A6340）高音单元。这些单元成功应用于 Cresta 和 Concerto 音箱，并被 BBC 选中用作 LS3/5 驱动单元。

1968 年，KEF 又 推 出 了 T27（A6535）高音单元。同年，Laurie Fincham（劳里·芬查

姆）加入 KEF，担任技术总监。Laurie Fincham 是 KEF 非常关键的技术专家，他曾在 Goodmans Loudspeakers 和 Celestion（百变龙）有过丰富的工作经历。20 世纪 90 年代初，他移居美国为 Infinity Systems 工作，随后于 1998 年加入 THX。他还是音频工程学会（AES）的终身会员、AES 银奖得主以及声学学会的成员。

10.8.2　1970~1979 年

1970 年，由于公司在英国以外的地区享有极高的声誉，KEF 荣获了女王出口成就奖。同年，KEF 成功研制出著名的 Bextrene 锥盆材料 B200 低音单元。

1971 年，Laurie Fincham 参与开发了首个基于 FFT 的扬声器测量和建模系统。同年，KEF 推出了著名的 B110（SP1003）中低音单元，以替代原先的 B110（A6362）。

1972 年，KEF 继续在高音单元方面取得突破，推出了 T27（SP1032）高音单元，用以替代 T27（A6340）和 T27（A6535）。

1973 年，KEF 成为世界上首家在扬声器设计和测量中运用计算机的扬声器制造商，这一举措标志着扬声器制造技术的重大进步。同年，KEF 推出了 Reference Model 104，该型号音箱开创性地运用了数字技术，以实现最高的音频精度。每对 Reference Model 104 都可以在 0.5dB 范围内与实验室的参考标准进行精确匹配。

1975 年，KEF 再次荣获女王出口成就奖。

1976 年，KEF 推出了 Corelli、Calinda 和 Cantata 系列音箱，并在设计方法上实现了重大突破，引入了计算机辅助的"全面系统设计"。

1977 年，KEF 推出了 Reference Model 105，这款音箱被誉为有史以来最激进和最复杂的音箱之一。自推出以来，Reference 系列音箱一直是音箱行业的标杆。

10.8.3　1980~1989 年

在整个 20 世纪 80 年代，KEF 凭借备受推崇的

Reference 系列音箱保持了卓越的声誉。通过一系列技术革新，如显著提升低音性能的耦合腔低音负载技术、消除箱体与驱动单元耦合而产生音染的力对消和驱动单元去耦技术，以及 KEF 通用低音均衡器（KUBE），成功实现了从紧凑箱体中扩展低音。

1988 年，KEF 成功设计并获得了世界上第一个真正重合源扬声器驱动器 Uni-Q®的专利。

10.8.4　1990~1999 年

在整个 20 世纪 90 年代，KEF 继续致力于设计一流的创新产品，包括 Coda 7、Q 系列、Reference 系列 Model 109 以及 Monitor 系列等。同时，KEF 也见证了家庭影院系统的兴起，这一趋势在当时极为引人注目。《纽约时报》将 KEF 评为"欧洲领先的音响公司"，同时也是美国高端音响发烧友所熟知的音响品牌。

1992 年，KEF 被香港金山集团收购。同年，KEF 推出的采用第二代 Uni-Q 技术的 Reference Model 105/3 被日本媒体评为"最佳进口音箱"。

1993 年，KEF 获得了 LS3/5A 音箱的制造许可，并在同年推出了家庭影院中置音箱 Model 100，进一步丰富了产品系列。

1994 年，KEF 成为首批发布 THX 认可的家庭影院系统的公司之一，这一成就进一步巩固了 KEF 在音响行业的领先地位。

1995 年，创始人 Raymond Cooke 于 3 月 19 日去世，享年 70 岁。

1998 年，KEF 停止生产 LS3/5A 使用的 B110 和 T27 单元，致使所有品牌 LS3/5A 停产。

10.8.5　2000~2009 年

在 21 世纪初期，KEF 一直开发在扬声器设计中使用磁性和机械建模技术，包括有限元分析，允许对声学系统进行建模，使得产品精度达到了前所未有的水平。

2005 年，经过自 20 世纪 80 年代后期以来的全面研发计划，KEF 成功推出了 ACE（声学顺应性

增强）技术。这一技术能够实现与两倍尺寸的传统扬声器相媲美的低音性能，为音响行业带来了重大突破。

2007 年，Muon 在米兰家具展上亮相，这是 KEF 首次与知名工业设计师 Ross Lovegrove（罗斯·洛夫格罗夫）合作的产品。这款作品全球限量发行 100 对，彰显了其独特的艺术价值和收藏意义。同年，KEF 还将获得专利的 Tangerine Waveguide（丹吉尔波导）技术引入到第 8 代 Uni-Q 驱动器阵列中，显著提升了灵敏度和声音分散度。这一创新在 KHT3005——标志性的 "EGG" 家庭影院系统中得到了成功应用。

10.8.6　2010~2019 年

2011 年，KEF 推出了 BLADE。

2012 年，KEF 推出全新经典 LS50 作为 50 周年纪念产品。LS50 将最初的 LS3/5A 工作室监听概念带到了客厅。

2017 年，KEF 迈出了重要的一步，推出了首款无线 Hi-Fi 音箱 LS50 Wireless。在接下来的几年里，KEF 推出了包括 EGG 无线音箱、MUO 便携式音箱、M 系列耳机在内的多款无线产品。此外，KEF 还与保时捷设计合作，推出了 Gravity One 便携式音箱、Motion One 耳机和 Space One 无线耳机，进一步巩固了 KEF 在高端音响市场的地位。

10.8.7　2020 年至今

2020 年，KEF 在扬声器设计中引入了超材料吸收技术（又名 MAT），这一技术被 *What Hi-Fi* 杂志评为 2020 "年度创新" 奖。随后，KEF 将这一新技术应用于新的 LS50 系列中，包括 LS50 Meta 和 LS50 Wireless Ⅱ，为用户带来了更加卓越的听觉体验。

2021 年，KC62 低音炮问世，这款产品采用了创新的 "Uni-Core" 技术。同年，KEF 还宣布与 Lotus 建立首个汽车合作伙伴关系，标志着 KEF 在汽车音响领域的拓展。

2022 年，由 Michael Young（迈克尔·杨）设计的新 LSX Ⅱ 和 LS60 无线音箱发布后，受到了专家和媒体的一致好评。《连线》（*Wired*）杂志更是将 LS60 誉为 "绝对胜利"，充分证明了 KEF 在音响领域的卓越实力。

KEF 的故事仍在继续……

图 10.26 是 KEF 公司创始人 Raymond Cooke。

图 10.26　KEF 公司创始人 Raymond Cooke

图 10.27 是 KEF 公司最初的办公地址，位于 Kent 郡 Maidstone Tovil 的一间旧厂房，这里见证了 KEF 的起步和成长。

图 10.27　KEF 公司最初的办公地址

图 10.28 是 KEF 于 1977 年推出的著名的 Reference Model 105 音箱。

图 10.29 是 KEF 最新一代的 LS50 Meta 书架音箱，采用第 12 代 Uni-Q 专利技术设计，充分展现了 KEF 在音响技术领域的最新成果。

备注：本节图片由 KEF 品牌方提供。

图 10.28　Reference Model 105 音箱

图 10.29　KEF 最新一代的 LS50 Meta 书架音箱

10.9　Richard Allan 简史

1947 年，Jack Garfield（杰克·加菲尔德）与合伙人共同创立了 Richard Allan Radio Limited（理查德艾伦无线电有限公司，本书简称 Richard Allan），公司位于 Caledonia Road, Batley Yorks（巴特利约克斯卡利多尼亚路）。Richard Allan 这一名称来源于两位创始人成员的儿子名字的组合：Jack Garfield 的儿子 Richard Garfield（理查德·加菲尔德）以及另一位创始人 Whorley（沃利）先生的儿子 Allan Whorley（艾伦·沃利）。

Richard Allan 推出的首个产品是 Bafflette 音箱。在接下来的几十年间，公司陆续推出了 Tango、Maramba、Charisma、RA8、RA82、

Monitor 80 等 Hi-Fi 音箱，并同时推出了自己品牌的扬声器单元。其业务聚焦于大众消费市场和 OEM 定制服务。

20 世纪 90 年代，Richard Allan Radio Limited 更名为 Richard Allan Audio Limited（理查德艾伦音频有限公司）。

2002 年，Richard Allan 取得了 LS3/5A 的制造许可，并依赖 KEF 库存单元短暂地生产过 11Ω 版本的 LS3/5A（库存单元消耗殆尽后停止了生产）。此外，公司还提供了 Richard Allan 品牌的 AB1 低音炮。同时，其兄弟公司 Recone Lab 为各品牌的 LS3/5A 提供维修保养服务。

2003 年，Richard Allan 成功收购了 Rogers International（UK）公司。

2004 年，公司再次进行了更名，新的名称为 RA Technology Ltd.。

2021 年，RA Technology Ltd. 成为 MAGNUM 集团的一部分，集团的总部位于 Brighouse。

图 10.30 是 Richard Allan 公司 20 世纪 70 年代制作的 Tango、Maramba、Charisma 音箱宣传册。

图 10.30　Richard Allan 公司的音箱宣传册

10.10 Stirling 简史

Doug Stirling（道格·斯特林）在幼年时期随父母从印度移民至英国，他曾在 BBC 担任音频工程师。他创立的 Stirling Broadcast（斯特林广播，本书简称 Stirling）公司初期主要业务是维修损坏的 LS3/5A 音箱。当 Rogers 宣布破产时，Stirling 购买了 Rogers 遗留的大量库存，并从 BBC 取得了 LS3/5A 的制造许可，开始涉足 LS3/5A 音箱的制造业务。

2001 年，Stirling 委托 KEF 制造 T27 和 B110 驱动单元，并将 LS3/5A 重新推向市场。在传统 LS3/5A 规格的基础上，Stirling 进行了一些创新，推出了更高质量的分频器（称为"SuperSpec"），并忠实复制了原型 LS3/5A 中使用的可拆背板的 9mm 厚薄壁参考箱体。

2005 年，由于 KEF T27 和 B110 驱动单元的持续供应出现问题和不确定性，Stirling 邀请音频行业的杰出设计师 Derek Hughes 开发了 LS3/5A "V2"版本。"V2"版本使用了特别定制的 Seas 和 ScanSpeak（绅士宝）驱动单元以及高级分频器，可以准确模仿原始版本的响应特性。该"V2"版本取得了 BBC 的 LS3/5A 制造许可，开启了不使用 KEF T27 和 B110 驱动单元来制造 LS3/5A 也可以取得 BBC 许可的先河。

2011 年，Stirling 推出了原始 Rogers AB-1 低音炮的改进版 AB-2，并同时推出了一系列 LS3/5A 的替换零件和套件。同年年底，公司还推出了 BBC LS3/6 的复制品"Stirling LS3/6"。这款音箱采用了定制版本的现代驱动单元以及非常高级的分频器，遵循典型的 BBC 薄壁箱体设计理念，满足中等声压级下高质量录音室监听的要求。

2013 年，Stirling 针对本国市场推出了一款音箱 SB-88，这款音箱同样由 Derek Hughes 设计，具有 LS3/6 的风格。

2019 年，Stirling 推出 LS3/5A 的 V3 版本，

通过提升分频器的品质来实现"超低失真"。

图 10.31 是 Stirling Broadcast 创始人 Doug Stirling。

图 10.31　Stirling Broadcast 创始人 Doug Stirling

图 10.32 是 Stirling Broadcast 产品系列宣传册。

图 10.32　Stirling Broadcast 产品系列宣传册

备注：本节图片由 Stirling 品牌方提供。

10.11　Falcon 简史

Falcon Acoustics（隼声学，本书简称 Falcon）成立于 1972 年，当时名为 Falcon Electronics（隼电子），由 KEF 公司的首位员工 Malcolm Jones（马尔科姆·琼斯）所创立。Malcolm Jones 自 1961 年 KEF 公司成立之初便加入，作为 KEF 的高级开发工程师，他负责了众多经典 KEF 驱动单元（如 B139、B200、B110、T15、T27）以及使用这些驱动单元所设计的音箱的大部分设计和开发工作。1974 年，Malcolm Jones 离开 KEF 并全职投身于 Falcon 公司。

Falcon 最初是一家小型的家族企业，由 Valerie Jones（瓦莱丽·琼斯）和 Malcolm Jones 共同担任董事。公司初创时是向 DIY 零售市场提供构建音箱所需的一系列组件和物品，但其主要成就则是根据客户要求生产自粘铁氧体磁芯电感器。在 20 世纪 80 年代和 90 年代，Falcon 每年为英国及国际客户生产数十万个电感器，许多欧洲知名的扬声器系统都采用了 Falcon 的电感器，甚至曾有超过三分之二的英国制造商选择使用 Falcon 的电感器。

1982 年，Falcon 曾向 BBC 申请 LS3/5A 的制造许可，但最终遗憾败给了 Goodmans。尽管如此，RAM 和 Goodmans 所生产的 LS3/5A 的分频器均是由 Falcon 供应的。

2006 年，Valerie Jones 退休后病重，并于 2008 年不幸离世。

2009 年，Malcolm Jones 退休，并将 Falcon 转让给了位于牛津附近的 Jerry Bloomfield（杰里·布卢姆菲尔德）。此后，Malcolm Jones 作为技术顾问，与 Falcon 保持着长期的合作关系。

2014 年，Falcon 开始生产 Falcon LS3/5A，并声称："它是目前唯一一款忠实复制 1976 年 10 月发布的 BBC 原始设计的 LS3/5A。"新的驱动单元均由 KEF B110 和 KEF T27 的原始设计师 Malcolm Jones 设计，Falcon 将其命名为 Falcon

B110 和 Falcon T27。这两款驱动单元均在英国手工制作，以确保达到最高的质量、分级和一致性，它们与原始的 15Ω LS3/5A 驱动单元相同，是 Falcon 独有的产品。

如今，Falcon 已成为英国最大的驱动单元供应商之一，同时也是大多数主要品牌的英国经销商。公司还生产全系列由 Malcolm Jones 设计的 Falcon 驱动单元。近年来，Falcon 逐步扩大了产品范围，包括 RAM 系列和技术先进的 Reference 系列。在 DIY 零售方面，Falcon 通过其官方网站提供构建一系列高品质音箱所需的几乎所有配件。

图 10.33 是 Falcon 现任总经理 Jerry Bloomfield（左）和创始人 Malcolm Jones（右）。

图 10.33　Falcon 现任总经理 Jerry Bloomfield（左）和创始人 Malcolm Jones（右）

图 10.34 是 Falcon B110 低音单元与模具实物图。

图 10.34　Falcon B110 低音单元与模具实物图

备注：本节图片由 Falcon 品牌方提供。

10.12　Graham 简史

英国 Graham Audio（贵涵音频，本书简称 Graham）于 2013 年在英国德文郡正式成立，创始人 Paul Graham（保罗·格雷厄姆，图 10.35）拥有超过 20 年的录音广播工程及现场演出等专业经验。出于对"BBC 声音"的深厚喜爱，他与 Derek Hughes 携手合作，利用现代驱动单元复刻了 BBC 的经典型号，如 LS3/5A、LS5/9、LS5/8、LS5/5 等，并成功获得了 BBC 的重新许可。

图 10.35　Graham 公司创始人 Paul Graham

2015 年初，Graham 收购了 Chartwell 及 Swisstone 两个品牌。值得一提的是，Swisstone 在 20 世纪 70 年代曾先后并购了 Rogers 和 Chartwell，几乎垄断了 BBC LS3/5A 当时的许可制造（另一家制造商为 Audiomaster）。Graham 陆续推出了一系列符合 BBC 标准的监听音箱，其核心的分频器系统由对 BBC 标准有着深刻理解的 Derek Hughes 精心设计，他在原始设计的基础上，利用现有的先进材料和技术进行了优化。Graham 与经验丰富的驱动单元制造商 Volt 及 Seas 紧密合作，共同研发出性能与原始单元相近的全新驱动单元，并采用当前优选的材料制作，从而再次获得 BBC 的许可。

Graham 音箱涵盖了大部分 BBC 型号，分别使用了旗下 3 个品牌：

Swisstone：LS/3（最小型音箱）；

Chartwell：LS3/5，LS3/5A，LS6（LS6f 为落地音箱）；

Graham：专注于大中型音箱系统，包括传统 BBC 系列的 LS5/9（LS5/9f 为落地音箱）、LS5/8（LS5/8S 为原始特别版）、LS5/5（LS5/5f 为落地音箱）、LS5/1（落地音箱）、LS 8/1（与 Spendor 经典的 BC1 非常相似）等。

图 10.36 是 Graham 公司的部分 BBC 系列音箱。

图 10.37 是 Graham 推出的 10 周年纪念版音箱：LS3/5A、LS5/9 和 LS6。

图 10.36　Graham 公司的部分 BBC 系列音箱

图 10.37 Graham 推出的 3 款 10 周年纪念版：LS3/5A、LS5/9 和 LS6

VOTU 宇宙之声系列则是 Graham 设计师 Derek Hughes 在完成皇家歌剧院设计任务后，与公司创始人 Paul Graham 共同决定开发的一个全新系列。该系列基于皇家歌剧院 System 3D 的研发成果，命名为 VOTU，即 Voice Of The Universe 的缩写，意为"宇宙之声"。目前，VOTU 系列已推出 VOTU 和 VOTU MAX 两个型号。

2020 年，Graham 特别推出了 100 对限量版 LS3/5 音箱，并使用 Graham 品牌（其中 50 对为 11Ω 阻抗，50 对为 9Ω 阻抗）。此外，还有 5 对媒体测试版（15Ω 阻抗），使用 Chartwell 商标。

2023 年，Graham 推出了 3 款 10 周年纪念版音箱：LS3/5A、LS5/9 和 LS6。这些产品均经过精心升级，同时仍符合 BBC 的标准。升级包括采用 WBT 端子、Van Den Hul（范登豪）线材以及重新设计的带升级组件的分频器。箱体全部采用桉木皮，并配以黑色障板，这一特殊木皮仅用于此纪念版。值得一提的是，所有型号都配置了高频微调开关，LS5/9 和 LS6 的高频开关均安装于前面板上，而 LS3/5A 则特别设计在后面板上，以便用户根据空间环境对音箱进行微调。每款纪念版音箱均附有 Derek Hughes 亲笔签名的鉴定证书，且每款限量生产 100 对。Graham 选择这些型号作为 10 周年纪念版，是因为它们是自公司成立以来一直最受欢迎的型号。

备注：本节图片由 Graham 品牌方提供。

第 11 章
不同品牌 LS3/5A 赏析

11.1　BBC

BBC 铭牌的 LS3/5A 由 BBC 工程部精心制造，仅在 1974 年下半年少量生产。根据 BBC 前工程师 Nick Cutmore 的说法，工程部从 101 开始编号，根据编号推测总数量可能不超过 20 对。时光荏苒，经过半个世纪的流转，如今这些音箱的存世量已极为稀少。迄今为止，据我所知，除了我本人收藏的一对之外，另外仅有两对确定尚存于世。

BBC LS3/5A 的实物如图 11.1 和图 11.2 所示。其显著特征包括：采用 BBC 专用的电感，配备 Eire/Filmcap 轴向电容，编号范围大致为 101~140。这些独特的设计元素，使得 BBC LS3/5A 在音箱领域独树一帜，成为收藏家们竞相追寻的珍品。

图 11.1　编号 105&107，低音单元标注年月：1974 年 4 月，现由作者本人收藏

图 11.2 编号 112&113，低音单元标注年月：1974 年 8 月，现由天津刘先生收藏

11.2 Rogers

Rogers LS3/5A 根据铭牌变化可分为大金牌、小金牌、黑牌、白牌、字母牌 5 个阶段。若按照其细部特征变化进一步划分，大金牌可分为 3 个时期，小金牌可分为 6 个时期，黑牌可分为 4 个时期，白牌可分为 3 个时期，字母牌可分为 3 个时期，总计达到 19 个时期。值得注意的是，小金牌第 3 期及之前的 LS3/5A 由 Rogers Developments 公司制造。此后，由于 Swisstone 收购了 Rogers 公司，因此，尽管产品仍使用 "Rogers" 品牌，但实际的制造工作由 Swisstone 完成。

大金牌第 1 期的实物图片如图 11.3 和图 11.4 所示。其显著特征包括：铭牌上采用全大写字母

"ROGERS"，配备麻布网罩，铝质背标，低音单元采用白色盆架（图中盆架因年代久远已变灰），使用 Hinchley 电感，以及 EFCO 4.7μF 碧蓝色电容。该时期的编号范围大致为 001~050。

大金牌第 2 期如图 11.5 所示。显著变化特征：低音单元改为黑色盆架，大致编号范围：051~200。

大金牌第 3 期如图 11.6 所示。显著变化特征：EFCO 4.7μF 碧蓝色电容改为 Mullard 4.7μF 黄色电容，大致编号范围：201~500。

小金牌第 1 期如图 11.7 所示。显著变化特征：启用首字母大写、其余字母小写的 "Rogers" 新铭牌，分频器组件与后期麻布大金牌基本相同，无明显变化，大致编号范围：501~700。

图 11.3　编号 001&002，低音单元标注年月：1974 年 7 月，现由北京黄先生收藏

图 11.4　编号 001&002，背标

图 11.5　编号 187&188，低音单元标注年月：1974 年 10 月

图 11.6　编号 319&320，低音单元标注年月：1974 年 11 月

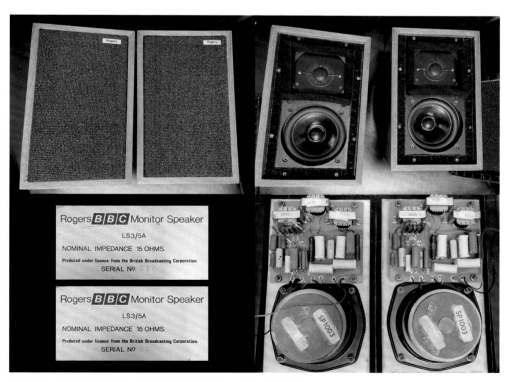

图 11.7　编号 617&618，低音单元标注年月：1974 年 11 月

　　小金牌第 2 期如图 11.8 所示。显著变化特征：Philips 1.5μF 黄色电容改为 Mullard 1.5μF 深咖色电容，大致编号范围：0701~0950。

　　小金牌第 3 期如图 11.9 所示。显著变化特征：麻布网罩改为黑色 Tygan 网罩，大致编号范围：951~1200。

图 11.8　编号 0949&0950，低音单元标注年月：1975 年某月

图 11.9　编号 1191&1192，低音单元标注年月：1975 年 9 月

小金牌第 4 期如图 11.10 和图 11.11 所示。此时 Swisstone 收购了 Rogers 公司，此后的产品都由 Swisstone 公司制造，"Rogers" 仅是品牌名称。显著变化特征：铝背标改为纸背标，编号以 "SO" 开头，大致编号范围：SO001~SO100。

图 11.10　编号 SO015&SO016，低音单元标注年月：1976 年 1 月

图 11.11　编号 SO015&SO016，背标

小金牌第 5 期如图 11.12~ 图 11.14 所示。显著变化特征：Hinchley 电感改为 Chartwell 电感，大致编号范围：SO101A&B~SO1500A&B。

图 11.12　编号 SO494&SO495，低音单元标注年月：1976 年 5 月

图 11.13　编号 SM1038A&B，低音单元标注年月：1976 年 10 月，通常以"SM"开头的编号对应着非标准分频器

图 11.14　编号空白（小金牌时期一部分产品无编号），低音单元标注年月：1977 年 2 月

小金牌第 6 期如图 11.15 和图 11.16 所示。显著变化特征：Chartwell 电感改为 DRAKE 电感，大致编号范围：SO1501A&B~SO3300A&B。从小金牌第 6 期开始至黑牌第 3 期大约 SO11000 号，背标上充满艺术感的漂亮编号文字是由当时的雇员、一位名为 Steve 的小伙子手写的。

图 11.15　编号 SO2942A&B，低音单元标注年月：1977 年 10 月

图 11.16　编号 SO3263A&B，低音单元标注年月：1977 年 11 月

黑牌第 1 期如图 11.17 所示。显著变化特征：开始启用黑底白字新铭牌，高音单元过线孔由白色改为黑色。大致编号范围：SO3301A&B~SO3500A&B。

图 11.17　编号 SO3499A&B，低音单元标注年月：1977 年 11 月

黑牌第 2 期如图 11.18 所示。显著变化特征：开始出现 Rifa 电容代替 Mullard 电容。大致编号范围：SO3501A&B~SO5000A&B。

黑牌第 3 期如图 11.19 所示。显著变化特征：全部使用 Rifa 电容。大致编号范围：SO5001A&B~SO13500A&B。

图 11.18　编号 SO3808A&B，低音单元标注年月：1978 年 7 月

图 11.19　编号 SO7412A&B，低音单元标注年月：1979 年 1 月

　　黑牌第 4 期如图 11.20 所示。显著变化特征：低音单元进入不稳定期，C5 电容数值由 6.2μF（4.7+1.5）改变成 8.3μF（4.7+3.3+0.33）或者 10μF（4.7+4.7+0.68）。大致编号范围：SO13501A&B~SO16200A&B。

　　白牌第 1 期如图 11.21 所示。显著变化特征：启用白底黑字新铭牌，配置与黑牌第 4 期基本相同，个别出现 Plessey 电容。大致编号范围：SO16201A&B~SO18000A&B。

图 11.20　编号 SO14640A&B，低音单元标注年月：1981 年 1 月

图 11.21　编号 SO16513A&B，录音室版本，低音单元标注年月：1981 年 6 月

　　白牌第 2 期如图 11.22 所示。显著变化特征：为了弥补折环效应带来的频率响应下沉对应的频率移动，低音单元的防尘帽涂层配方改变成"白肚脐"，并一直持续到 1987 年 SP1003 停用。大致编号范围：SO18001A&B~SO19500A&B。

　　白牌第 3 期如图 11.23 所示。显著变化特征：Rifa 电容逐渐被 Plessey 或其他电容取代。大致编号范围：SO19501A&B~SO25300A&B。

图 11.22　编号 SO19014A&B，低音单元标注年月：1982 年 6 月

图 11.23　编号 SO23914A&B，低音单元标注年月：1985 年某月

　　字母牌第 1 期如图 11.24 所示。显著变化特征：启用银色字母铭牌，配置与白牌第 3 期相同。大致编号范围：SO25301A&B~031200A&B。

　　字母牌第 2 期，如图 11.25 所示。显著变化特征：改型为 11Ω 版本，但背标仍写 15Ω，俗称"假 15Ω"。背标如图 11.26 所示。大致编号范围：031201A&B~036500A&B。

图 11.24　编号 027203A&B，低音单元标注年月：1986 年 5 月

图 11.25　编号 036260A&B，假 15Ω 版本

图 11.26　编号 032651A 背标特写，标注 15Ω 其实是 11Ω

字母牌第 3 期如图 11.27 所示。显著变化特征：背标修正为 11Ω。大致编号范围：036501A&B~
051000A&B。

图 11.27　编号 46816A&B，11Ω 版本

11.3　Chartwell

Chartwell 生产 LS3/5A 的时间相对短暂，仅在 1975 年至 1978 年间，大约生产了 2000 多对。1978 年，Chartwell 被 Swisstone 公司收购后，仍以 "Chartwell" 品牌继续生产了一段时间。到了 1980 年，Swisstone 公司决定停止 Chartwell LS3/5A 的生产。

根据产品的特征变化，我们可以将其划分为 3 个时期：第 1 期是直角方背标期；第 2 期是倒圆角方背标期；第 3 期则是 "SC" 编号背标期，如图 11.28 所示。其中，第 1 期的产品是在伦敦 Alric Avenue 制造的；第 2 期则在 Surrey 郡的 Mitcham 新工厂生产；第 3 期则由 Swisstone 公司负责制造，而 "Chartwell" 仅作为品牌名称使用。

图 11.28　Chartwell LS3/5A 3 个时期的背标

第 1 期：直角方背标期，如图 11.29 所示。显著特征：直角方背标（无倒圆角），铭牌使用铝质黑字铭牌（俗称"银牌"），在伦敦 Alric Avenue 制造。大致编号范围：001~1000。

图 11.29　编号 651&652，直角方背标期产品，低音单元标注年月：1975 年 11 月

第 2 期：倒圆角方背标期，如图 11.30 所示。显著特征：倒圆角方背标，在 Surrey 郡 Mitcham 新工厂生产。大致编号范围：1001~5500。大致编号 2400 以前的铭牌使用"银牌"，大致编号 2400 以后的铭牌开始转成黑色塑料立式铭牌。

图 11.30　编号 27XX，倒圆角方背标期产品，低音单元标注年月：1977 年 9 月

第 3 期："SC"编号背标期，如图 11.31 所示。显著特征：背标编号以"SC"开头，Swisstone 公司收购 Chartwell 后的产品，制作工艺与 Rogers 同期产品几乎没有区别。大致编号范围：SC01A&B~SC1700A&B。

图 11.31 编号 SC08A&B，"SC"编号背标期产品，低音单元标注年月：1979 年 1 月

11.4 Audiomaster

Audiomaster 生产 LS3/5A 的时间并不长，从 1976 年至 1981 年，大约生产了 2000 多对。然而，1981 年 Audiomaster 公司倒闭，从此停止了 LS3/5A 的生产。

根据产品的特征变化，我们可以将 Audiomaster 的 LS3/5A 划分为 3 个时期：第 1 期是银色背标并以"BBC"开头的时期；第 2 期同样是银色背标，但开头变为了"LS3/5A"；第 3 期则进入了深色塑料背标时期。具体的背标样式可以参见图 11.32。

图 11.32 Audiomaster LS3/5A 3 个时期的背标

第 1 期：银色背标"BBC"开头期，如图 11.33 所示。显著特征：低音单元于 1976 年出厂，最初全部采用了 Erie 绿糖电容或 Erie 绿糖电容与 Mullard 电容的组合，稍晚则主要以 Philips MKT 电容为主，并搭配使用 Erie、ITT、Mullard 等其他品牌的电容。

图 11.33　编号不明，银色背标"BBC"开头期，低音单元标注年月：1976 年 10 月

第 2 期：银色背标"LS3/5A"开头期，如图 11.34 所示。显著特征：低音单元于 1977 年出厂，电容主要以 Philips MKT 电容为主，同时搭配使用了 Erie、ITT、Mullard 以及 BMIE 等其他品牌的电容。

图 11.34　编号不明，银色背标"LS3/5A"开头期，低音单元标注年月：1977 年 2 月

第 3 期：深色塑料背标期，如图 11.35 所示。显著特征：低音单元 1978~1981 年出厂，以 Rifa 电容为主，偶有搭配使用 Philips MKT、ITT 等电容。

图 11.35　编号 002280&002281，低音单元标注年月：1979 年 12 月

11.5　RAM

RAM 公司于 1979 年开始制造 LS3/5A，填补了 Chartwell 破产后 BBC 3 个许可之一的空缺。然而，RAM 仅制造了大约 300 对 LS3/5A。值得注意的是，这些产品从未公开销售过，因为在批量生产之前，RAM 公司就遭遇了破产的困境。

RAM LS3/5A 如图 11.36 所示。

图 11.36　RAM LS3/5A，编号 14527&14528，低音单元标注年月：1979 年 4 月和 1980 年 3 月

11.6 Spendor

Spendor 于 1982 年取得 LS3/5A 生产许可，填补了 Audiomaster 停产后的许可制造商空缺。随后，Spendor 开始制造 LS3/5A，并一直持续到 1998 年，由于 KEF 停止供应 B110 和 T27 单元月

生产才被迫终止。时间跨度长达 16 年，1982~1987 年间生产 15Ω 版本约 3000 对，1987~1998 年间生产 11Ω 版本约 8000 对。15Ω 版本通过严格筛选驱动单元，取消了复杂的多抽头自耦变压器。

Spendor LS3/5A 15Ω 版本如图 11.37 所示。

Spendor LS3/5A 11Ω 版本如图 11.38 所示。

图 11.37　Spendor LS3/5A 15Ω 版本，编号 003090&003091，低音单元标注年月：1984 年某月

图 11.38　Spendor LS3/5A 11Ω 版本，编号 20483&20484，低音单元标注年月：1997 年某月

11.7 Goodmans

Goodmans 于 1984 年 1 月取得 LS3/5A 的制造许可，填补了 RAM 停产后的许可制造商空缺。但是 Goodmans 生产 LS3/5A 的时间仅维持了 1 年多，到 1985 年就停止了，总数量约 2000 对。Goodmans 只制造了 15Ω 版本 LS3/5A，分频器是由 Falcon 公司提供的。

Goodmans LS3/5A 如图 11.39 所示。

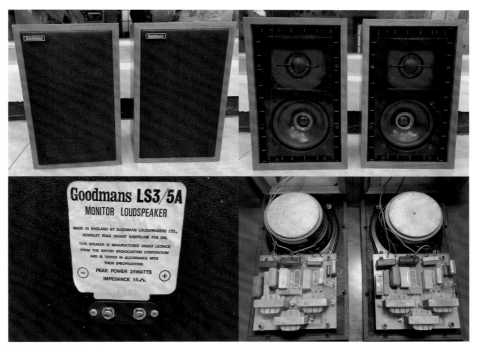

图 11.39　Goodmans LS3/5A，编号 2526&2527，低音单元标注年月：1984 年 3 月

11.8 Harbeth

Harbeth 在 1977 年就取得 LS3/5A 的制造许可，但在 1987 年之前从来没有制造过。Alan Shaw 接管 Harbeth 后决定加入制造 LS3/5A 的行列，此时 BBC 正在对 15Ω 版本进行重大的重新评估，最终确定了改成 11Ω 版本，设计定型后，Harbeth 积极地推出了自己品牌的 LS3/5A，并一直到 1998 年 KEF 驱动单元断供才被迫停产，总数量大约 7000 对。Harbeth 只制造了 11Ω 版本，从来没有制造过 15Ω 版本。

Harbeth LS3/5A 如图 11.40 所示。

图 11.40　Harbeth LS3/5A，编号 457A&B，低音单元标注年月：1987 年某月

11.9　KEF

一直以来，KEF 对制造 LS3/5A 没有太大的兴趣——作为 LS3/5A 驱动单元和分频器（11Ω 版本）的唯一提供商，利润已经相当可观了。1992 年，KEF 被香港金山集团收购之后希望进一步扩大经营范围，随即向 BBC 申请 LS3/5A 制造许可，并于 1993 年取得许可证，正式成为 LS3/5A 制造商中的一员。

1993~1998 年，KEF 共制造了大约 4000 对 LS3/5A，全部是 11Ω 版本。

KEF LS3/5A 如图 11.41 所示。

图 11.41　KEF LS3/5A，编号 2464R&L，低音单元标注年月：未知

11.10　Richard Allan

　　KEF 于 1998 年停产了 LS3/5A 的驱动单元，导致主流制造商如 Rogers、Spendor、Harbeth 等纷纷停产 LS3/5A，Richard Allan 于 2002 年取得 LS3/5A 制造许可，依赖 KEF 库存驱动单元短暂地制造过 11Ω 版本 LS3/5A（库存单元消耗殆尽后停止生产）。

　　Richard Allan LS3/5A 如图 11.42 所示。

图 11.42　Richard Allan LS3/5A，编号 88-1070A&B，低音单元标注年月：未知

11.11　Stirling

　　Stirling 于 2001 年取得 LS3/5A 制造许可，委托 KEF 重新制造了一些 T27 和 B110 驱动单元，并将 LS3/5A 重新推向市场。2005 年，Stirling 邀请 Derek Hughes 开发了 LS3/5A "V2" 版本，虽然 "V2" 版本使用的是特别定制的 Seas 和 ScanSpeak 驱动单元，但是取得了 BBC 的 LS3/5A 制造许可，开启了不使用 KEF T27 和 B110 驱动单元来制造 LS3/5A 也可以取得 BBC 许可的先河。

　　Stirling 制造的 LS3/5A 一直坚持使用原型 LS3/5A 中的可拆背板的 9mm 薄壁参考箱体。

　　迄今为止，Stirling 一直在生产和销售自己品牌的 LS3/5A V2，如图 11.43 所示。最新款是 2019 年推出的 V3 版本，进一步提高了分频器的品质来取得 "超低失真"。图 11.44 是 V3 版本分频器（左）和 V2 版本分频器（右）对比。

图 11.43　编号 88714A&B 的 Stirling LS3/5A

图 11.44　Stirling LS3/5A V3 版本分频器（左）和 V2 版本分频器（右）对比

11.12　Falcon

Falcon 于 2014 年开始生产 LS3/5A，Falcon 宣称："它是目前生产的 LS3/5A 中唯一一款

忠实复制 1976 年 10 月发布的 BBC 原始设计的 LS3/5A。" 新的驱动单元均由 KEF B110 和 KEF T27 的原始设计师 Malcolm Jones 设计，Falcon 将它们命名为 Falcon B110 和 Falcon T27，这两款驱动单元均在英国手工制作，以确保最高的质量、分级和一致性，并且与原始 15Ω LS3/5A 驱动单元相同，它们是 Falcon 独有的。

Falcon 曾先后推出了银色背标版、银色背标签名版、Kingswood Warren 限量版、金色背标版、金色背标签名版、Maida Vale 限量版、50 周年限量版等诸多不同版本。

Falcon 银色背标版 LS3/5A 如图 11.45 所示。银色背标版分频器如图 11.46 所示。金色背标版分频器如图 11.47 所示。

备注：本节图片由 Falcon 品牌方提供。

图 11.45　Falcon LS3/5A，编号 00189A&B，银色背标版

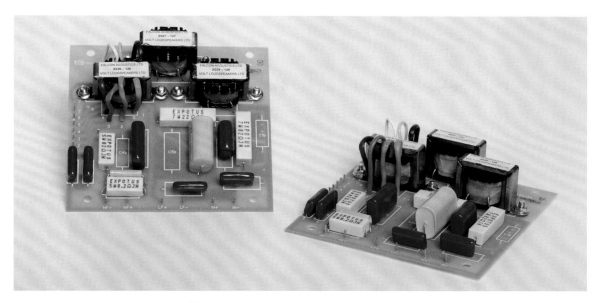

图 11.46　Falcon LS3/5A 最初银色背标版所使用的分频器

图 11.47　Falcon LS3/5A 最新推出的金色背标版所使用的分频器

11.13　Graham

　　2015 年年初，Graham 收购了 Chartwell 及 Swisstone 两个品牌。Graham 通过与驱动单元制造商 Volt 及 Seas 合作，设计出与原始单元性能相似的全新驱动单元，聘请 Derek Hughes 重新设计了包括 LS3/5、LS3/5A、LS5/9、LS5/8、LS5/5 等在内的一系列 BBC 音箱，并取得 BBC 制造许可。

　　Graham 推出的 Chartwell LS3/5 与分频器如图 11.48 所示。

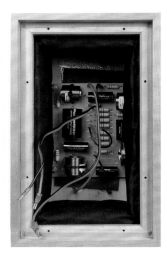

图 11.48 Graham 推出的 Chartwell LS3/5 与分频器（图片由 Graham 品牌方提供）

11.14 Rogers（Rogers International UK）

前 Rogers 技术总监 Andy Whittle 已重返 Rogers International UK（乐爵士国际英国公司，隶属于香港和记行集团），并肩负起领导工程部门的重任。在他的主导下，公司于 2020 年成功恢复了 15Ω 版本 LS3/5A 及 LS5/9 的生产，箱体在英国 Essex（埃塞克斯郡）精心制作，而驱动单元则在中国定制并经过严格筛选，最终的组装和测试环节在英国工厂完成。

鉴于 Andy Whittle 在 20 世纪 90 年代便已在 Rogers 担任技术总监的丰富背景，他无疑具备设计制作高标准产品的深厚知识和卓越能力。"小传奇"的作者 Trevor Butler 给予 Rogers LS3/5A Classic 很高的评价。

Rogers LS3/5A Classic 及其对应的分频器如图 11.49 所示。

图 11.49 2020 年 Rogers 复产的 LS3/5A Classic 及分频器

第 12 章
LS3/5A 的近亲

12.1　KEF Cresta

Cresta 是 KEF 于 1967 年推出的一款小型书架音箱。这款音箱采用了当年问世不久的 B110（A6362）低音单元和 T27（A6340）高音单元，其分频器设计相当简单，仅由 2 只电感和 1 只电容构成。箱体采用了较为廉价的刨花板材质。两年后，BBC 将 B110（A6362）低音单元和 T27（A6340）高音单元引入 LS3/5 的设计之中。

Cresta 作为一款廉价快消品，其驱动单元并未经过严格的匹配，频率响应也不够平坦。这也导致了其立体声成像和还原度不够好。另外，由于 Cresta 具有较高的灵敏度，其低频性能欠佳。

KEF Cresta 音箱如图 12.1 所示。

图 12.1　KEF Cresta 音箱

12.2　KEF Coda SP1034

Coda SP1034 音箱于 1971 年问世，作为 Cresta 的进化版，它采用了当时新推出的 B110（SP1003）低音单元和 T27（SP1032）高音单元。在设计中，Coda SP1034 融入了一些新颖的实用元素，并保持了简单的分频器设计。箱体仍采用廉价的刨花板材质。大约在 1972 年，BCC 公司将 B110（SP1003）和 T27（SP1032）单元引入著名的 LS3/5A 设计中。

尽管 Coda SP1034 因使用与 LS3/5A 相同的高音单元和低音单元而广为人知，但其性能无法与 LS3/5A 相比。由于没有经过严格的驱动单元匹配，Coda SP1034 在立体声成像和还原度方面表现不佳。此外，由于其较高的灵敏度，低频性能也欠佳。

特别提醒：Coda SP1034 所使用的 B110（SP1003）单元并未经过特别挑选，因此并不适用于 LS3/5A。

KEF Coda SP1034 音箱如图 12.2 所示。

图 12.2　KEF Coda SP1034 音箱

12.3　JR149

Jim Rogers 在离开 Rogers 公司后，创立了 JR Loudspeakers（JR 扬声器）公司，并于 1977 年推出了 JR149 音箱。这款音箱采用了与 LS3/5A 相同的驱动单元，但在箱体设计上有着显著的不同，它采用了铝制圆柱外形。这一设计选择并非偶然，因为在 Rogers 破产清算期间，Jim Rogers 就对铝制圆柱形箱体产生了浓厚的兴趣，可能受到了 GEC 的影响。

在 1977 年 5 月 的 *Hi-Fi News & Record Review* 中，Trevor Attwell（特雷弗·阿特维尔）对 JR149 进行了深入评价。他提到："JR149 和 LS3/5A 之间的直接比较非常有趣……通过 AB 测试，我们发现两者在总体上具有很强的可比性。LS3/5A 在中频带表现稍微平滑一些，但 JR149 的低频响应稍好一些，并且在高频顶部也不那么生硬。在立体声成像方面，LS3/5A 的结像更靠前，分离度也更好——这可能是由于其相对方向性所决定的。"

JR149 在听感上表现相当不错，但与 LS3/5A 的风格有着明显的差异。在二手市场上，JR149 的价格远低于 LS3/5A，这为追求不同声音体验的爱好者提供了更为经济实惠的选择。

JR Loudspeakers 公司生产的 JR149 音箱如图 12.3 所示。

图 12.3　JR Loudspeakers 公司生产的 JR149 音箱

12.4　KEF Reference Series Model 101

KEF Reference Series Model 101 是一款专为与 LS3/5A 竞争而精心设计的音箱，其分频器的复杂度与 LS3/5A 不相上下，整体声音表现相当出色。实际上，许多 LS3/5A 的发烧友都认为 Model 101 在多个方面都更胜一筹。

Model 101 将 T27（SP1032）高音单元和 B110（SP1057）低音单元置于一个 6.7L 的箱体内。其独特的 S-Stop 自供电电子电路能够有效地保护扬声器免受过载的影响，而低音单元的机械解耦设计则显著减少了声音染色。此外，每一对音箱的声学匹配误差都控制在 0.5 dB 以内，确保了精准的音调平衡和立体声成像。

然而，Model 101 的高品质表现也对其使用环境提出了较高的要求。在配置一流的转盘和放大器的情况下，Model 101 表现优秀。但若前端设备较差或电子设备较为廉价，其声音表现可能会大打折扣，它几乎会无情地暴露出整个音响系统中的任何缺陷。

Model 101 的灵敏度被设计得很低（81dB @1W，1m），这意味着它专为高品质、大功率放大器而设计。其中高音域表现卓越，低音则展现出温暖而柔和的特质，但在临场感上略显不足。

KEF Model 101 音箱如图 12.4 所示。

图 12.4　KEF Model 101 音箱

12.5　LINN KAN

当 Chartwell 陷入破产清算时，LINN 从 Chartwell 的箱体供应商处接手了大约 100 对 LS3/5A 箱体。这批箱体随后被用于制造第一批 KAN 音箱，而在此之后，KAN 音箱的箱体则采用了刨花板材质。在单元配置方面，最早一批 KAN 音箱选用了 B110（SP1003）低音单元，并未沿用 KEF T27 高音单元，而是选用了来自丹麦 Hiquphon（海巨风）的高音单元。此外，KAN 音箱采用了相对简单的分频器设计，并未引入陷波网络，这导致其中频段存在频率响应上升的问题。为了获得相对平衡的频率响应，建议用户将音箱靠墙放置，这也是 LINN 公司的官方推荐做法。

LINN KAN 音箱如图 12.5 所示。

图 12.6　Harbeth HL-P3 音箱

图 12.5　LINN KAN 音箱

12.6　Harbeth HL-P3

HL-P3 于 1991 年推出，旨在替代即将停产的 LS3/5A 音箱。其箱体采用 12mm MDF 材质制作，而非胶合板，尺寸比 LS3/5A 略大。驱动单元方面，HL-P3 选用了 Seas 的 19mm 铝制球顶高音单元和 110mm 聚丙烯锥盆低音单元。其分频器设计相当复杂，包含 21 个组件。在 HL-P3 的设计过程中，大量使用了计算机建模技术。与 LS3/5A 相似，为了避免离轴频率响应衰减，低音单元安装在障板后面。

在声音表现方面，HL-P3 与 LS3/5A 呈现出不同的特点。LS3/5A 的声音稍微带有昏黄的慢节奏，而 HL-P3 则表现得更为干净透明，速度也更快。高频部分略偏亮，稍显刺耳。中频听起来总体上很干净，没有 LS3/5A 那样的鼻音。在低频量感方面，两者非常相似。

HL-P3 音箱在市场上取得了很高的评价，多年来一直持续生产。其最新版本为 P3ESR XD，最重要的变化是使用了 Harbeth 自有专利的 RADIAL2 锥盆材料制作的低音单元。

Harbeth HL-P3 音箱如图 12.6 所示，Harbeth P3ESR XD 音箱如图 12.7 所示。

图 12.7　Harbeth P3ESR XD 音箱

12.7　Rogers Studio 3

Rogers 公司大约在 20 世纪 90 年代中期推出了 Studio 3 音箱，其设计初衷是替代即将停产的 LS3/5A。Studio 3 的箱体采用了与 LS3/5A 相同的 12mm 桦木胶合板制作，其尺寸也与 LS3/5A 大致相同。在驱动单元方面，Studio 3 选用了 Seas 的 19mm 丝膜球顶液磁高音单元以及 Rogers 自家制造的 110mm 聚丙烯锥盆低音单元。

Studio 3 与 LS3/5A 在设计理念上有所不同。Rogers 公司的技术总监 Andy Whittle 设计将 Studio 3 靠近后墙壁使用。在规格表上明确标注"距离后墙的最大距离为 6 英寸"，这意味着如果将音箱远离后墙摆放，其音质可能会显得过于单薄。

在声音表现方面，Studio 3 展现了不错的清晰度和动态范围。低频部分非常清晰，但缺乏量感。

中高频虽然清晰，但过于嘈杂，并且存在轻微的音染现象（有鼻音）。此外，Studio 3 的声场表现并不是特别好，这很可能是因为在靠墙放置时，墙壁反射的时间差造成的。

早期的 Rogers Studio 3 音箱如图 12.8 所示，后期的 Rogers Studio 3 音箱如图 12.9 所示。

图 12.8　Rogers Studio 3 音箱（早期）

图 12.9　Rogers Studio 3 音箱（后期）

12.8　Spendor S3/5

Spendor 公司于 1998 年推出了 S3/5 音箱，其设计初衷是替代即将停产的 LS3/5A。S3/5 的箱体尺寸与 LS3/5A 保持一致，只是其驱动单元安装在箱体 6.5 英寸的窄边上。在驱动单元方面，S3/5 选用了 3/4 英寸 Vifa 高音单元以及 Spendor 自行设计和制造的 5 英寸塑料锥盆低音单元。相较于

LS3/5A，S3/5 的分频器设计要简单得多。

Spendor S3/5 音箱的后续演进版本为 S3/5se，而最新的版本则是 S3/5R^2。尽管驱动单元发生了变化，但基本上继承了 S3/5 的品质。

在声音表现方面，S3/5 的低音干净紧致，中高音中性准确，延续了 Spendor 一贯的"平淡如水"的中性风格。这种风格深受一部分发烧友的喜爱，毫无疑问，S3/5 很好地传承了这一点。

Spendor S3/5se 音箱如图 12.10 所示，Spendor S3/5R^2 音箱如图 12.11 所示。

图 12.10　Spendor S3/5se 音箱

图 12.11　Spendor S3/5R^2 音箱

12.9 KEF Constructor CS1 和 CS1A

KEF 公司提出了 Constructor CS1 和 CS1A 两款设计方案，并以套件形式出售驱动单元和分频器，以满足 DIY 爱好者的自行组装需求。其中，CS1 是基于 KEF Model 101 的设计，采用了与 Model 101 相同的驱动单元以及简化的分频器。而 CS1A 则是基于 LS3/5A 的设计，使用了与 LS3/5A 相同的驱动单元和简化的分频器。

在 CS1 和 CS1A 的宣传手册中，KEF 详细描述了这两款产品的性能参数以及构建箱体的方法，为 DIY 爱好者提供了宝贵的参考信息。CS1A 不时出现在二手市场上，如果制作精良，有时很容易被误认为是 LS3/5A。

图 12.12 所示是 KEF Constructor CS1 和 CS1A 的制作手册，图 12.13 展示了 DIY 爱好者制作的 KEF CS1A 音箱。

图 12.13 DIY 爱好者制作的 KEF CS1A

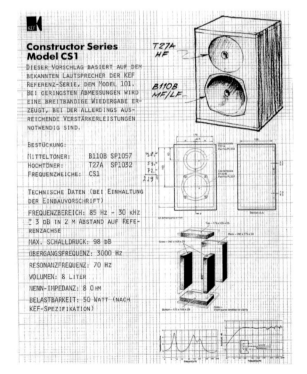

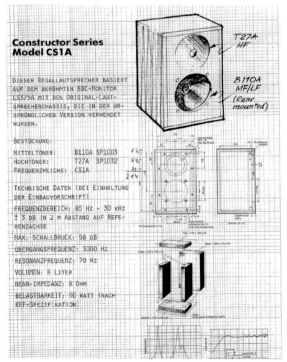

图 12.12 KEF Constructor CS1 和 CS1A 的制作手册

12.10　Falcon Q7 "家庭组装" 套件

Falcon Q7 音箱由 Malcolm Jones 设计，并以套件方式销售多年，其驱动单元选用了与 LS3/5A 相同的 B110（SP1003）和 T27（SP1032）。在购买时，用户可以选择配备 Falcon 的标准 Q7 23.2 分频器，或者选择使用 LS3/5A 的 FL6/23 分频器。Q7 的箱体深度较 LS3/5A 增加了 65mm，这使得其体积增加了 1/3 以上。这一设计改动使得系统的 Q 值变成最大平坦度 0.7（相比之下，LS3/5A 系统的 Q 值约为 1.2），从而提供了出色的低频扩展。在 50Hz 时，Q7 的输出比 LS3/5A 多出了 2dB。其频响范围 60Hz~20kHz ± 3dB，灵敏度与 LS3/5A 相当，大约为 83dB，阻抗为 15Ω。

图 12.14 所示是 Falcon Q7 音箱，图 12.15 展示了 Falcon Q7 音箱的内部结构。

备注：本节图片由 Falcon 品牌方提供。

图 12.14　Falcon Q7 音箱

图 12.15　Falcon Q7 音箱内部结构

12.11 Spectrum（诗韵）

Spectrum 是 20 世纪 80 年代中后期香港 Radio People Ltd（爱群无线电有限公司）推出的一款 LS3/5A 的变种音箱。它采用与 LS3/5A 相同的 B110 和 T27 驱动单元，但分频器与 FL6/23 相比略有差异。主要的不同之处在于，Spectrum 采用了空芯电感器而非变压器式电感，并且高通电感并未采用多抽头设计，而是选择了通过电阻衰减的方式。这种设计使得高音单元和低音单元之间的灵敏度匹配不够灵活。此外，高音单元也未安装金属保护罩，因此其高频尾端频率响应较 LS3/5A 会低约 2dB。

Spectrum 的箱体做工很差，外观显得较为粗糙，给人一种"山寨"的感觉。我对 Spectrum 音箱是否经过严格的出厂控制表示怀疑，并不推荐收藏这款音箱。好在它在市场上的流通数量并不多。

Spectrum 音箱图如图 12.16 所示。

图 12.16　Spectrum 音箱，香港爱群无线电有限公司制作的 LS3/5A 变种

第 13 章
音箱摆位及听音室声学处理

科学地选择音箱摆放位置和听音位置以及对听音室进行声学处理，将显著提升我们的聆听体验。您将能够享受到更高水平的清晰度和分离度，捕捉到更多的音乐细节和更完整的动态，仿佛置身于现场音乐会一般，从而更轻松地与音乐产生情感共鸣。

13.1 音箱的摆位

大多数高保真音箱都是按全空间设计的,因此,将其远离墙壁是理想的摆放选择。音箱距离前墙和侧墙应保持 0.5m 以上的距离,因为音箱距离墙面过近会额外增加低频量感,这并不是我们期望的效果。那么,如何找到最佳的摆放位置呢?

如果您的房间是矩形的,建议音箱的正面朝向与房间的长边平行,这样低频会有更多的延伸空间,也有助于减少驻波的影响。对称性同样重要,音箱不应摆放在墙角或偏向某一侧墙壁。如果可能的话,音箱与两侧墙壁的距离应保持相等。 您可以找到房间左右对称的中心线,以此为对称轴将音箱摆放于对称的位置上。确定两只音箱间的距离时,需要在宽广的声音舞台与清晰的中心结像之间进行权衡。音箱分得越开(在同样的听音位置下),声音舞台会越宽。然而,如果音箱进一步分开,中心结像可能会减弱甚至消失。反之,如果音箱间距太窄,声音舞台的宽度会收缩。一般来说,两只音箱之间的距离取房间短边长度的 1/2 是合适的。

至于音箱与前墙壁的距离,这需要根据具体情况进行分析。对于 Hi-Fi 听音室来说,“38% 定位法”是一个值得推荐的摆放方法,即在房间长边的 38% 位置摆放音箱,这通常被认为是最佳的纵深点听音位置。但请注意,这只是一个指导原则而非硬性规定,因此建议您多尝试不同的位置,以这个位置为基础进行前后微调,直到找到声音效果最佳的位置。有些人建议避免将音箱摆放在房间长度的 1/2 或 1/4 位置,但这同样不是硬性规定,只要您觉得这样的摆放方式最合适,那就是可以的。通常,音箱离前墙越远,声音舞台的纵深感会越好。然而,在许多家庭听音环境中,由于空间限制,音箱可能无法远离前墙。如果音箱必须靠近前墙,那么前墙应进行相应的吸声处理。图 13.1 给出了音箱的推荐摆放位置。

有些指南建议两只音箱与听音位置应构成正三角形,即音箱之间的距离应等于音箱到人耳的距离,并且音箱向内倾斜 60°夹角指向听音位置。这种摆

法通常被称为“正三角监听法”,如图 13.2 所示。这种摆法常见于混音室、音箱评测以及多数家庭用户的音箱摆放中,因为在实际操作中,摆放和测量都相对简单方便。只要房间本身的条件不是过于恶劣,这种摆法通常能够带来非常不错的声音表现。其优势在于能够有效减少四面墙的反射声对音箱直达声的过度干扰,从而呈现出清晰的中心结像和宽广的声音舞台。然而,这种摆法对房间布局和长宽的要求相对较为严格。

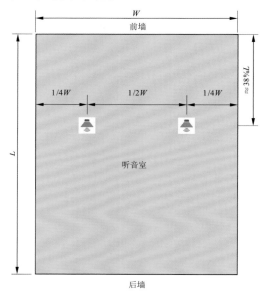

图 13.1 音箱的推荐摆放位置

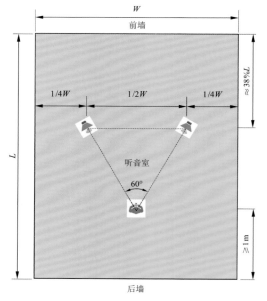

图 13.2 “正三角监听法”音箱的推荐摆放位置

13.2　最佳听音位置

最佳听音位置能够获得清晰的中心结像及宽广的声音舞台。因此，无论如何，听音者都应坐在两只音箱的对称轴上。如果不遵循此原则，将无法获得良好的声音舞台效果。听音者与音箱的距离应稍大于两只音箱之间的间距，这是大致的"皇帝位"，能够提供出色的中心结像。尝试前后移动椅子，您可能会找到一个位置，使得声音舞台的中心结像在两只音箱的正中央如针尖般凝聚，呈现出稳固且准确的定位，这便是最佳的"皇帝位"。若座位左右偏离了"皇帝位"，声音舞台可能会围绕一只音箱收缩成一团。这种效应会因音箱的不同而有所差异，有些音箱的"皇帝位"范围会相对较大。

另一个重要的限定条件是，房间墙面之间的共振会形成驻波，而驻波声压级最大的位置通常位于墙面。为了减小驻波对听音效果的影响，听音位置应至少离后墙 1m 远，如图 13.3 所示。

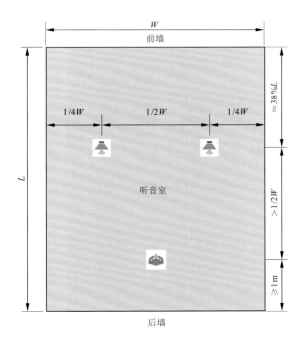

图 13.3　最佳听音推荐位置

13.3　听音室声学处理

听音室房间尺寸和比例的选择尤为重要，因为不当的房间尺寸和比例可能引起严重的声学问题。在判断房间比例是否合适方面，目前国内外较为认可的方法主要有两种：Bolt-Area 波尔围线法和 Bonello 1/3 倍频程驻波密度统计法。过去，我们通常需要借助数学计算来确定房间比例是否符合这两种规范。然而，随着互联网的普及，这一过程变得更为便捷。

现在，我们可以利用网络上免费的 AMROC 房间模型计算器（The Room Mode Calculator）来轻松完成这些计算。只需输入房间的长度、宽度和高度的数值，计算器就能迅速告诉我们房间比例在波尔围线的位置，并判断其是否符合 Bonello 1/3 倍频程驻波密度统计法。此外，这个计算器还具备其他计算功能，如计算房间在 250Hz 以内的各个驻波频率，甚至构建三维驻波示意图，如图 13.4 所示。这些功能为我们提供了更为直观和准确的方式来分析和优化听音室的声学性能。

一般而言，理想的听音室面积应在 15~40m^2，层高应超过 2.8m，且房间形状以长方形为佳，长宽高比例应尽量符合波尔围线的要求。尽管在家庭环境中，我们往往没有太多选择，但仍应尽量避免使用正方形房间作为听音室，因为正方形房间会在频谱上产生严重的驻波，且难以消除。

挑选合适尺寸和比例的房间作为听音室是个好的开端。为了获得更高水平的听感体验，对房间进行适当的声学处理是很有必要的。主要的声学处理措施包括使用吸声板、扩散板和低频陷阱。以下这些听音室声学处理建议，在大多数情况下都适用。

（1）隔音处理。高规格的听音室为确保环境噪声不对听音产生影响，同时也避免对周围住户造成干扰，通常会考虑采用足够的隔音措施，使背景噪声 NR30 即 1000Hz 声压级不超过 30dB。然而，

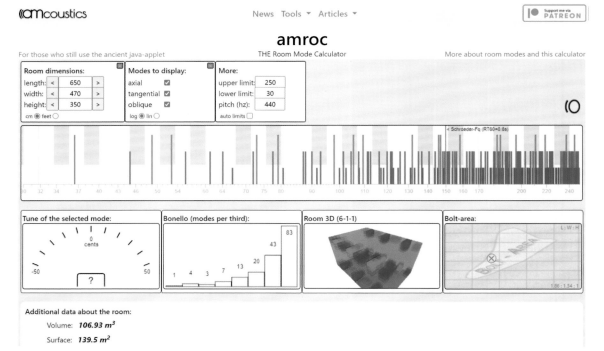

图 13.4　AMROC 房间模型计算器

在家庭环境中的听音室，我们通常不会进行隔音处理，因为这样做会牺牲大量的金钱和房间面积，代价实在太大。

（2）消除第一反射点。为了在聆听位置周围创造一个最佳听音环境，我们需要处理来自附近边界的早期反射。如果不及时处理，早期的反射声将与音箱的直达声相结合，导致梳状滤波的产生。梳状滤波是一种声学失真，它会引发声染色，掩盖音频中的细节，并干扰准确的定位。我们可以利用一面小镜子轻松找到侧墙的第一反射点，并在该位置放置一块全频吸声板，以消除前期反射声，如图 13.5 所示。

（3）添加扩散板。在完成第一反射点的处理后，我们可以在前后墙分别悬挂一块扩散板，以增强空间感。声学扩散板能够在不吸收反射声的情况下处理反射，为房间的音响效果保留一些活力，增添音乐的轻盈品质，如图 13.6 所示。

（4）墙角吸音处理。墙角的反射会对声音产生不良影响，因此，我们需要在每个角落使用吸声板。

其中两块放在前墙侧面以吸收两侧的反射，另外两块放在后墙正面以吸收前后间的反射。基础的处理差不多就完成了。这 8 块吸声板能够有效地提升声音质量，如图 13.7 所示。

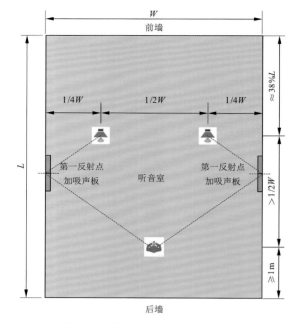

图 13.5　消除第一反射点

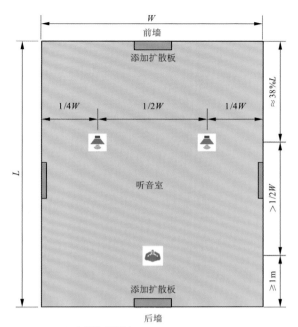

图 13.6　适当增加扩散板

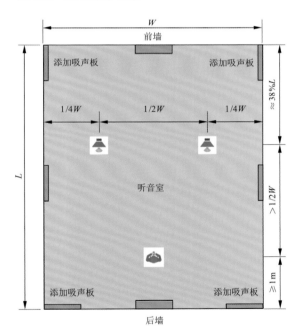

图 13.7　墙角的收音处理

（5）天花板吸音处理（天花板加"云"）。每个房间都有其独特性，如有需要，可以进一步处理。通常，天花板是一个大面积的平面，因此最好进行适当处理。天花板上的吸声板通常被称为"云"，我们可以将两块"云"挂在第一反射点上方，另外两块"云"挂在座位上方，如图 13.8 所示。

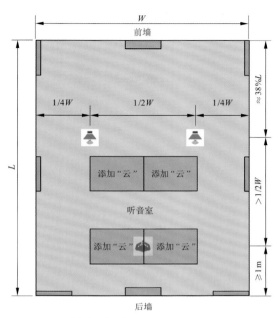

图 13.8　天花板加"云"

（6）增强吸音与扩散效果。为了进一步解决角落反射问题，我们可以在每个墙角再增加一块吸声板。同时，在座位两侧安装扩散板，以防止难听的反射干扰。至此，对于大多数人来说，这样的声学处理已经足够好了，如图 13.9 所示。

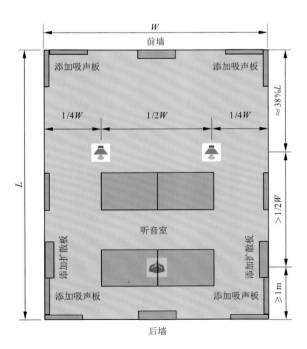

图 13.9　增强吸音和扩散

（7）进一步处理。如果您仍打算进行更深入的处理，可以在墙面的空白处放置一些扩散板，或者在两个后墙角落放置低频陷阱。另外，也可以在座位后方再增加 2~4 块"云"，如图 13.10 所示。

总的来说，这就是大部分的声学处理步骤。需要注意的是，并非所有地方都需要进行处理，声学板的布局与房间的形状、大小以及门窗的位置有关。只要遵循基本原则，您就能获得满意的结果。再次强调，以上的听音室声学处理只是一个指导，并非固定规则。解决方案多种多样，甚至一些杂乱的房间并不需要处理。储备一些声学知识，并结合自己的房间环境，找到您最喜欢的处理方式，这将是一件非常有成就感的事情。

最后，您可以利用声学测量软件来测试房间内不同位置的混响时间（RT60），并根据个人喜好调整吸收／扩散的覆盖范围，以确保混响时间符合您的喜好。在高保真听音室中，最佳的 RT60 值取决于您的聆听偏好。如果您主要聆听古典音乐，建议混响时间在 0.4~0.5s，以获得活泼的房间效果；如果您主要听近距离乐器录音或电子合成的多轨录音，则建议混响时间为 0.3~0.4s；而专业混音室的混响时间一般约为 0.3s。

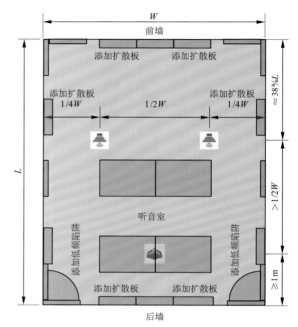

图 13.10　再进一步增强吸音和扩散

参考文献

[1] Ted Hartwell. Research Department[J]. London: BBC Research Department, 1989.

[2] Research Department. A Brief History BBC Research Department and Some Significant Milestones[M]. London: BBC Research Department, 1990.

[3] D.E.L. Shorter, T. Somerville, R.F. King. The Selection of a Wide-Range Loudspeaker for Monitoring Purposes (First Report)[R]. London: BBC Research Department, 1948.

[4] H.D. Harwood, D.E.L. Shorter. The Selection of a Wide-Range Loudspeaker for Monitoring Purposes (Second Report)[R]. London: BBC Research Department, 1949.

[5] H.D. Harwood, D.E.L. Shorter. The Selection of a Wide-Range Loudspeaker for Monitoring Purposes (Final Report)[R]. London: BBC Research Department, 1952.

[6] D.E.L. Shorter. Loudspeaker Transient Response: Its Measurement and Graphical Representation[J]. London: BBC Research Department, 1946:121-129.

[7] D.E.L. Shorter. Design of a Cabinet for Use with Monitoring Loudspeakers[R]. London: BBC Research Department, 1949.

[8] D.E.L. Shorter. Sidelight on Loudspeaker Cabinet Design[J]. London: Wireless World magazine, 1950.

[9] D.E.L. Shorter. Improvements in and Relating to Loudspeakers[P]. London: BBC, 1953.

[10] D.E.L. Shorter. A Survey of Performance Criteria and Design Considerations for High-Quality Monitoring Loudspeakers[R]. London: BBC Research Department, 1958.

[11] J. Novak. Performance of Enclosures for Low Resonance High Compliance Loudspeakers[R]. New York: Journal Audio Eng. Society, presented, 1958.

[12] T. Somerville. Acoustics in the B.B.C[R]. London: BBC Research Department, 1958.

[13] D.E.L. Shorter. The Development of High-Quality Monitoring Loudspeakers: A Review of Progress[R]. London: BBC Research Department, 1958.

[14] H.D. Harwood, F.L. Ward. Report on the International Congress on Acoustics Copenhagen 1962[R]. London: BBC Research Department, 1962.

[15] D.E.L. Shorter, H.D. Harwood, C.L.S. Gilford, J.R. Chew. Design of a New Free-Field Sound Measurement Room: Specification and Performance[R]. London: BBC Research Department, 1965.

[16] H.D. Harwood. The Design of a Low-Frequency Unit for Monitoring Loudspeakers[R]. London: BBC Research Department, 1966.

[17] H.D. Harwood, S.A. Hughes. The Design of Studio Monitoring Loudspeakers Types LS5/5 and LS5/6[R]. London: BBC Research Department, 1967.

[18] H.D. Harwood. New B.B.C. Monitoring Loudspeaker[M]. London: Wireless World magazine, 1968.

[19] R.E. Cooke. High-Quality Monitoring Loudspeakers[J]. London: British Kinematograph, Sound and Television Society, 1968.

[20] H.D. Harwood, S.A. Hughes. The Design of the LS3/4 Loudspeaker[R]. London: BBC Research Department, 1969.

[21] H.D. Harwood, C.L.S. Gilford, S.A. Hughes. Aspects of High-Quality Monitoring Loudspeakers[M]. London: BBC Monograph, 1969.

[22] H.D. Harwood, A.N. Burd. Acoustic Scaling: General Outline[R]. London: BBC Research Department, 1970.

[23] H.D. Harwood, A.N. Burd, N.F. Spring, K.E. Randall, M.K.L. Smith. Acoustic Scaling: An Evaluation of the Proving Experiment[R]. London: BBC Research Department, 1972.

[24] H.D. Harwood. Loudspeaker Distortion Associated with Low-Frequency Signals[R]. London: BBC Research Department, 1972.

[25] H.D. Harwood, K.F.L. Lansdowne. Acoustic Scaling: Instrumentation[R]. London: BBC Research Department, 1972.

[26] H.D. Harwood, A.N. Burd. Acoustic Modelling of Studios & Concert Halls[M]. London: BBC Engineering, 1972.

[27] H.D. Harwood, K.F.L. Lansdowne. Acoustic Scaling: The Effect on Acoustic Quality of Increasing the Height of a Model Studio[R]. London: BBC Research Department, 1974.

[28] H.D. Harwood, A.N. Burd, N.F. Spring, S.A. Hughes, K.F.L. Lansdowne. Acoustic Scaling: Examination of Possible Modifications to Maida Vale Studios No 1[R]. London: BBC Research Department, 1974.

[29] WN Sproson, A.N. Burd. Acoustic Scaling: Subjective Appraisal and Guides to Acoustic Quality[R]. London: BBC Research Department, 1974.

[30] H.D. Harwood, K.F.L. Lansdowne, K.E. Randall. Acoustic Scaling: The Design of a Large Music Studio for Manchester: Interim Report[R]. London: BBC Research Department, 1975.

[31] H.D. Harwood, K.F.L. Lansdowne, K.E. Randall. Acoustic Scaling: The Design of a Large Music Studio for Manchester: Final Report[R]. London: BBC Research Department, 1975.

[32] H.D. Harwood. Some Factors in Loudspeaker Quality[J]. London: Wireless World, 1976.

[33] H.D. Harwood, M.E. Whatton, R.W. Mills. The Design of the Miniature Monitoring Loudspeaker Type LS3/5A[R]. London: BBC Research Department, 1976.

[34] H.D. Harwood, K.F.L. Lansdowne, K.E. Randall. Acoustic Scaling: The Design of a Large Music Studio[J]. London: BBC Engineering, 1976.

[35] H.D. Harwood, R. Matthews. Factors in the Design of Loudspeaker Cabinets[R]. London: BBC Research Department, 1977.

[36] H.D. Harwood, R. Matthews. Improvements to Cheap Loudspeakers[R]. London: BBC Research Department, 1977.

[37] C.D. Mathers. Design of the High-Level Studio Monitoring Loudspeaker Type LS5/8[R]. London: BBC Research Department, 1979.

[38] C.D. Mathers. Acoustic Scaling: A Review of Progress to Date, and of Possible Future Development[R]. London: BBC Research Department, 1981.

[39] K.E. Randall, C.D. Mathers. The Design of the Prototype LS5/9 Studio Monitoring Loudspeaker[R]. London: BBC Research Department, 1983.

[40] E.W. Taylor, C.D. Mathers. Optical Methods of Measuring Loudspeaker Diaphragm Movement[R]. London:

BBC Research Department, 1983.

[41] K.F.L. Lansdowne, C.D. Mathers. Acoustic Scaling: The Development of Improved Instrumentation[R]. London: BBC Research Department, 1985.

[42] K.E. Randall. Design of a Prototype Moving-Coil High-Frequency Loudspeaker Drive Unit[R]. London: BBC Research Department, 1986.

[43] C.D. Mathers. On the Design of Loudspeakers for Broadcast Monitoring[R]. London: BBC Research Department, 1988.

[44] Design Department. Miniature Monitor Loudspeaker LS3/5[R]. London: BBC Engineering Design Information, 1970.

[45] Design Department. Miniature Monitor Loudspeaker LS3/5A[R]. London: BBC Engineering Design Information, 1975.

[46] Design and Equipment Department. Miniature Monitor Loudspeaker LS3/5A[R]. London: BBC Engineering Design Information, 1987.

[47] Design Department. Monitoring Loudspeaker LS3/6[R]. London: BBC Engineering Design Information, 1970.

[48] Andrew Watson. A History of KEF Drive Units from the 1960s and 70s[M]. London: KEF Audio (UK) Ltd., 2014.

[49] David Prakel. BBC's Home Service[J]. London: Hi-Fi Answers, 1979:67-69.

[50] Raymond Cook. In Memoriam[J]. London: J. Audio Eng. Soc. Vol. 42, No.5, 1994:424.

[51] Edward Pawley. BBC Engineering 1922-1972[M]. London: BBC, 1972.

[52] Alan Shaw. Inspired by the BBC[J]. London: Hi-Fi News, 2007.

[53] Colloms Martin. The BBC LS3/5A-Revisiting a Classic[J]. London: Hi-Fi Critic, 2007: 29-35.

[54] Trevor Attewell. Rogers BBC Monitor Speaker Review[J]. London: Hi-Fi News & Record Review, 1975: 131.

[55] Trevor Butler. A Little Legend the BBC LS3/5A[J]. London: Hi-Fi News & Record Review, 1989: 27-31.

[56] Designs Department. Outside Broadcast Loudspeaker, LS3/7[R]. London: Designs Department Handbook, 1980.

[57] Ken Kessler. The LS3/5A Shoot Out[J]. London: Hi-Fi News, 2001.

[58] Falcon Acoustics Limited. Ram Loudspeakers. Vince Jennings Interview June 2011[R]. Oxford: Falcon Acoustics Limited, 2011.

[59] Engineering Division. Registered Designs and Coded Equipment, Volume 2. Components[S]. London: BBC Engineering Division, 1963.

[60] Engineering Division. Registered Designs and Coded Equipment, Part 1. Equipment[S]. London: BBC Engineering Division, 1973.

[61] Engineering Division. Registered Designs and Coded Equipment, Part 2. Components[S]. London: BBC Engineering Division, 1979.

[62] Engineering Division. Registered Designs and Coded Equipment, Part 3. Obsolescent, Cancelled and Withdrawn Equipment[S]. London: BBC Engineering Division, 1981.

[63] Engineering Division. Registered Designs and Coded Equipment, Part 1. Current Equipment[S]. London: BBC Engineering Division, 1987.

致谢

　　我深知，周围人的陪伴与交流让我们的世界更加丰富多彩。我的许多想法和观点，都得益于与不同人的深入谈话和热烈讨论。很幸运能碰上这些亦师亦友的好人。在此，我衷心感谢英国的 Michael O'Brien、Jim Finnie、Derek Hughes、Andy Whittle、Paul Whatton、Nick Cutmore、John B.Sykes；马来西亚的 Jo Ki（纪昌明）；我国台北的赖英智，香港的 Stephen Lau（刘勋），以及吴彤、易有伍、尚志东、胡卓勋、周敬、栾帆、乔玉樑、黄伟等众多朋友。他们渊博的学识和独到的见解，为我提供了不同的思考角度，也感谢他们慷慨地允许我在本书中引用与他们相关的内容。

　　最应该感谢的人无疑是我的妻子，她总是毫无怨言地支持我所追求的梦想。正是因为她无微不至地照顾我和我们的两个女儿，我才得以有更多的时间和精力投入到我所热爱的事业中。

　　我们生活在一个信息高度发达的时代，曾经的神秘变得触手可及。然而，我们仍然需要无穷的创造力来进一步丰富这个五彩斑斓的世界。创造离不开一些灵感，但更多时候，它依赖于我们的信念和坚持不懈的努力！

杨立新

2023 年 12 月 1 日于北京